混凝土结构平法识图
（第2版）

主　编　刘　悦　李盛楠　温秀红

副主编　赵　欢

主　审　刘英明　沈雪晶

北京理工大学出版社

BEIJING INSTITUTE OF TECHNOLOGY PRESS

内 容 提 要

本书根据国家建筑标准图集《混凝土结构施工图平面整体表示方法制图规则和构造详图》（16G101）及高等院校土建类相关专业的教学内容、课程标准编写。全书共九章，主要内容包括钢筋混凝土结构施工图基本知识、图纸目录和结构设计总说明、钢筋混凝土基础平法施工图识读、钢筋混凝土柱平法施工图识读、钢筋混凝土梁平法施工图识读、现浇混凝土楼面和屋面结构平法施工图识读、剪力墙平法施工图识读、现浇混凝土板式楼梯平法施工图识读、施工图审查与会审等。另外，本书还附有实训施工图。

本书可作为高等院校土木工程、工程管理、工程造价等土建类相关专业的教材，也可作为在职工程技术人员更新知识和提高技能的培训教材或参考用书。

图书在版编目(CIP)数据

混凝土结构平法识图 / 刘悦，李盛楠，温秀红主编.—2版.—北京：北京理工大学出版社，2020.7

ISBN 978-7-5682-8664-0

Ⅰ.①混…　Ⅱ.①刘…　②李…　③温…　Ⅲ.①混凝土结构－混凝土施工－识图－教材　Ⅳ.①TU204.21

中国版本图书馆CIP数据核字（2020）第117513号

出版发行 / 北京理工大学出版社有限责任公司	
社　　址 / 北京市海淀区中关村南大街5号	
邮　　编 / 100081	
电　　话 / （010）68914775（总编室）	
（010）82562903（教材售后服务热线）	
（010）68948351（其他图书服务热线）	
网　　址 / http://www.bitpress.com.cn	
经　　销 / 全国各地新华书店	
印　　刷 / 北京紫瑞利印刷有限公司	
开　　本 / 787毫米×1092毫米　1/16	
印　　张 / 13	责任编辑 / 江　立　崔　岩
字　　数 / 313千字	文案编辑 / 江　立
版　　次 / 2020年7月第2版　2020年7月第1次印刷	责任校对 / 周瑞红
定　　价 / 58.00元（含实训施工图）	责任印制 / 边心超

第2版前言

"混凝土结构平法识图"是高等院校土木工程类相关专业的一门专业性、实践性很强的课程。本书内容主要包括钢筋混凝土结构施工图基本知识、图纸目录和结构设计总说明、钢筋混凝土基础平法施工图识读、钢筋混凝土柱平法施工图识读、钢筋混凝土梁平法施工图识读、现浇混凝土楼面和屋面结构施工图识读、剪力墙平法施工图识读、现浇混凝土板式楼梯平法施工图识读以及施工图审查与会审。同时，为了便于学生掌握重要内容，各章均附有内容提要、知识目标、能力目标和小结。

本书编写时，在形式上力求创新，在内容上力求将新知识、新材料、新技术、新方法贯穿其中；既充分考虑教材使用者的已有知识水平，又考虑其技能、经验及兴趣；既强调知识的实用性，又强调实践性教学和技能培训；同时，力求图示直观生动，文字通俗简练，具有高等教育教材的特色，以此来帮助学生掌握本课程的主要知识和技能，从而成为企业生产一线迫切需要的高素质劳动者。

本书由刘悦、李盛楠、温秀红担任主编，由赵欢担任副主编。具体编写分工如下：第一章、第二章、第三章、第六章由刘悦编写；第四章、第五章和第七章由李盛楠编写；第八章和附录由温秀红编写；第九章由赵欢编写。本书由刘英明和沈雪晶主审，并对书稿提出了很多宝贵意见，在此表示由衷的谢意。

本书在编写过程中参考并借鉴了很多文献，未在书中一一注明出处，在此对有关文献的作者表示感谢。由于编者水平有限，书中难免有不足之处，敬请读者批评指正。

编　者

第1版前言

　　"混凝土结构平法识图"是高等院校土木工程类相关专业的一门专业性、实践性很强的课程。本书内容主要包括钢筋混凝土结构施工图的基本知识、图纸目录和结构设计总说明、钢筋混凝土基础施工图、钢筋混凝土柱平法施工图、钢筋混凝土梁平法施工图、现浇混凝土楼面和屋面结构施工图、剪力墙平法施工图、现浇混凝土板式楼梯施工图的识读方法以及施工图审查与会审相关知识。同时，为了便于学生掌握重要内容，各章均附有内容提要、知识目标、能力目标和小结。

　　本书编写时，在形式上力求创新，在内容上力求将新知识、新材料、新技术、新方法贯穿其中；既充分考虑教材使用者的已有知识水平，又考虑其技能、经验及兴趣；既强调知识的实用性，又强调实践性教学和技能培训；同时，力求图示直观生动，文字通俗简练，具有高等教育教材的特色，以此来帮助学生掌握本课程的主要知识和技能，从而成为企业生产一线迫切需要的高素质劳动者。

　　本书由刘悦、李盛楠担任主编，由张振雷担任副主编，黄达参与了本书的部分编写工作。具体编写分工如下：第一章、第二章、第三章、第六章、附录由刘悦编写；第四章、第五章、第七章由李盛楠编写；第八章由张振雷编写；第九章由黄达编写。本书由刘英明教授、沈雪晶主审，他们对书稿提出了很多宝贵意见，在此表示由衷的谢意。

　　本书在编写过程中参考并借鉴了很多文献，未在书中一一注明出处，在此对有关文献的作者表示感谢。由于编者水平有限，书中难免有不足之处，敬请读者批评指正。

编　者

(2)应注明基础平板边缘的封边方式与箍筋。

(3)当基础平板外伸变截面高度时，应注明外伸部位的 h_1/h_2，h_1 为板根部截面高度，h_2 为板尽端截面高度。

(4)当某区域板底有标高高差时，应注明其高差值与分布范围。

(5)当基础平板厚度＞2 m 时，应注明设置在基础平板中部的水平构造钢筋。

(6)当在板中采用拉筋时，应注明拉筋的配置及布置方式(双向或梅花双向)。

(7)应注明混凝土垫层厚度与强度等级。

(8)结合基础主梁交叉纵筋的上下关系，当基础平板同一层面的纵筋相交叉时，应注明何向纵筋在下，何向纵筋在上。

【例 3-3】 图 3-21 所示为某筏形基础施工图，试叙述基础平板配筋情况。

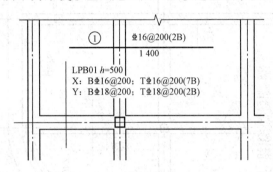

图 3-21 某筏形基础施工图

【解】 基础平板配筋情况见表 3-10。

表 3-10 基础平板配筋情况

图示符号	实际含义
LPB01	编号：梁板筏形基础平板01号
$h=500$	基础平板厚500 mm
X：B⌀16@200； T⌀16@200(7B)	X 向：底部贯通纵筋为 HRB400，直径 16 mm，按间距 200 mm 布置；顶部贯通纵筋为 HRB400 级钢筋，直径 16 mm，按间距 200 mm 布置(总长度：7 跨两端均有外伸)
Y：B⌀18@200； T⌀18@200(2B)	Y 向：底部贯通纵筋为 HRB400，直径 18 mm，按间距 200 mm 布置；顶部贯通纵筋为 HRB400 级钢筋，直径 18 mm，按间距 200 mm 布置(总长度：2 跨两端均有外伸)
① ⌀16@200(2B)	①号底部附加非贯通纵筋 HRB400 级钢筋，直径 16 mm，按间距 200 mm(综合贯通筋标注，应"隔一布一")布置，范围 2 跨并布置两端外伸处
1 400	附加非贯通筋自梁中心线分别向两边跨内的伸出长度为 1 400 mm

某筏形基础配筋图如图 3-22 所示。

5. 梁板式筏形基础配筋构造

(1)梁板式筏形基础主梁与次梁钢筋构造(图 3-23、图 3-24)。

(2)基础梁 JL 端部与外伸部位钢筋构造(图 3-25～图 3-28)。

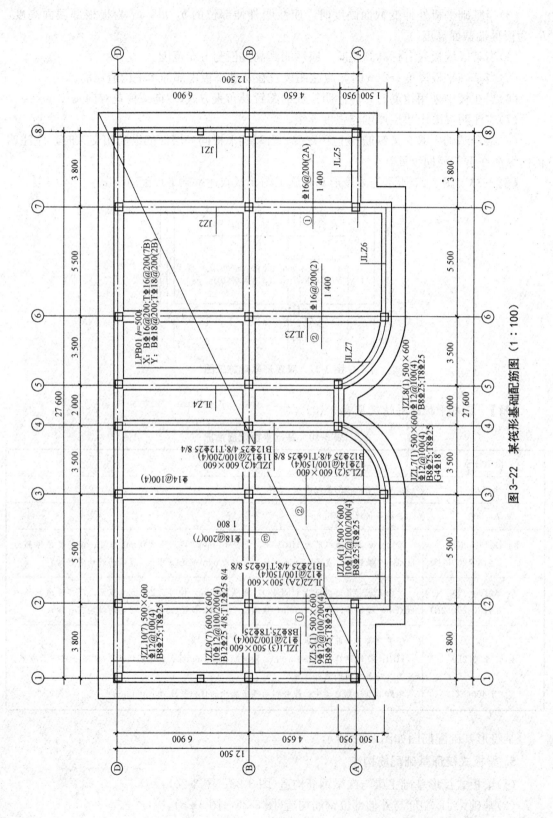

图 3-22 某筏形基础配筋图（1∶100）

顶部贯通纵筋在连接区内采用搭接、机械连接或焊接，同一连接区段内接头面积百分率不宜大于50%。
当钢筋长度可穿过一连接区到下一连接区并满足连接要求时，宜穿越设置

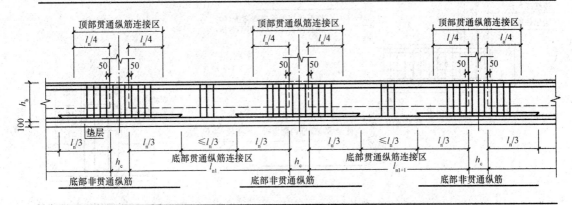

底部贯通纵筋在其连接区内采用搭接、机械连接或焊接，同一连接区段内接头面积百分率不宜大于50%。
当钢筋长度可穿过一连接区到下一连接区并满足连接要求时，宜穿越设置

图 3-23 基础主梁 JL 纵向钢筋与箍筋构造

顶部贯通纵筋在连接区内采用搭接、机械连接或焊接，同一连接区段内接头面积百分率不宜大于50%。
当钢筋长度可穿过一连接区到下一连接区并满足连接要求时，宜穿越设置

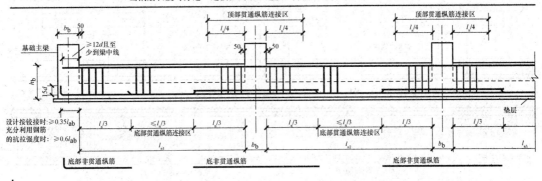

底部贯通纵筋在其连接区内采用搭接、机械连接或焊接，同一连接区段内接头面积百分率不宜大于50%。
当钢筋长度可穿过一连接区到下一连接区并满足连接要求时，宜穿越设置

图 3-24 基础次梁 JCL 纵向钢筋与箍筋构造

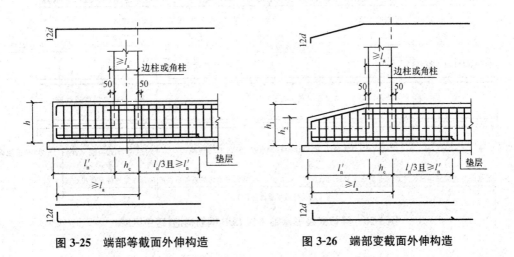

图 3-25 端部等截面外伸构造　　　　　**图 3-26 端部变截面外伸构造**

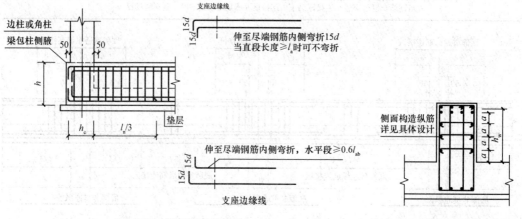

图 3-27　端部无外伸构造

图 3-28　基础梁侧面构造纵筋
和拉筋($a \leqslant 200$ mm)

(3)梁板式筏形基础平板钢筋构造(图 3-29～图 3-33)。

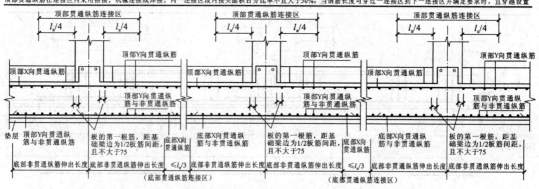

图 3-29　梁板式筏形基础平板 LPB 钢筋构造(柱下区域)

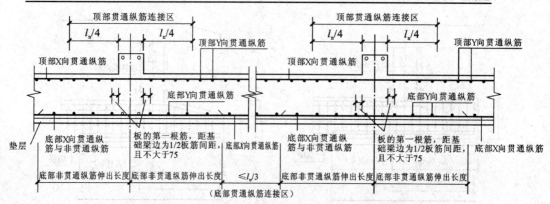

图 3-30　梁板式筏形基础平板 LPB 钢筋构造(跨中区域)

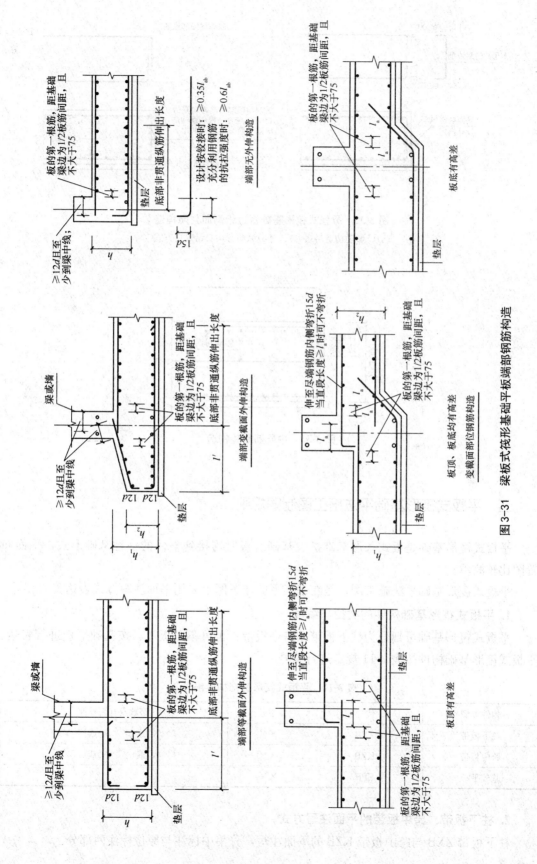

图3-31 梁板式筏形基础平板端部钢筋构造

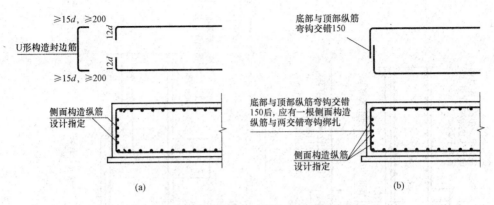

图 3-32 梁板式筏形基础板边缘侧面封闭构造

(a)U形筋构造封边方式；(b)纵筋弯钩交错封边方式

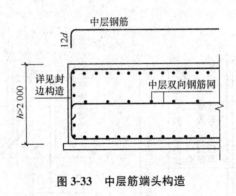

图 3-33 中层筋端头构造

二、平板式筏形基础平法施工图制图规则

平板式筏形基础是板式条形基础扩大基础底板后连接到整体的一种基础形式，平面布置图比较简单。

平板式筏形基础平法施工图，是在基础平面布置图上采用平面注写方式表达。

1. 平板式筏形基础构件的类型与编号

平板式筏形基础可划分为柱下板带和跨中板带；也可不分板带，按基础平板进行表达。平板式筏形基础构件按表 3-11 规定进行编号。

表 3-11 平板式筏形基础构件编号

构件类型	代号	序号	跨数及有无外伸
柱下板带	ZXB	××	(××)或(××A)或(××B)
跨中板带	KZB	××	(××)或(××A)或(××B)
基础平板	BPB	××	

2. 柱下板带、跨中板带的平面注写方式

柱下板带 ZXB 与跨中板带 KZB 的平面注写，分集中标注与原位标注两部分。

集中标注的内容有编号、截面尺寸、底部与顶部贯通纵筋。截面尺寸要标注板带的宽度，用$b=\times\times\times\times$表示（基础平板厚度在图注中注明）。

底部与顶部非贯通纵筋的注写规则和布置方式与梁板式筏形基础的基础平板相同。

基础平板BPB的平面注写与柱下板带ZXB、跨中板带KZB的平面注写为不同的表达方式，但可以表达同样的内容。基础平板BPB的集中标注除编号不同外，其他内容与梁板式筏形基础的基础平板注写规则相同。

原位标注除将延伸长度"自梁中心线"改为"自柱中心线"外其他基本相同。

【例3-4】 叙述图3-34中各配筋的含义。

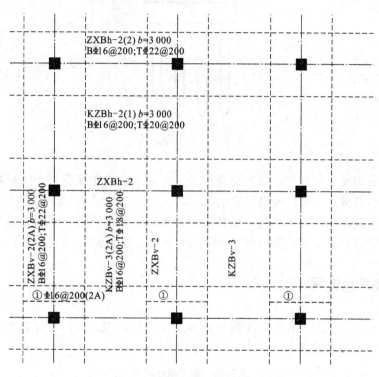

图3-34 平板式筏形基础构件

【解】 配筋的含义见表3-12。

表3-12 配筋的含义

图示符号	实际含义
ZXBh-2(2) $b=3\,000$ B⚊16@200；T⚊22@200	水平方向柱下板带编号2号，两跨无外伸；板带宽3 m 底部贯通纵筋为HRB400，直径16 mm，按间距200 mm布置；顶部贯通纵筋为HRB400，直径22 mm，按间距200 mm布置
ZXBv-2(2A) $b=3\,000$ B⚊16@200；T⚊22@200	竖直方向柱下板带编号2号，两跨一端有外伸；板带宽3 m 底部贯通纵筋为HRB400，直径16 mm，按间距200 mm布置；顶部贯通纵筋为HRB400，直径22 mm，按间距200 mm布置
①⚊16@200(2A)	①号底部附加非贯通纵筋 HRB400钢筋，直径16 mm，按间距200 mm（综合贯通筋标注，应"隔一布一"）布置，范围2跨，并布置一端外伸处

第四节 桩基础平法施工图识读

桩基础是最常见的深基础，桩基础由桩和承台两部分组成，如图 3-35 所示。

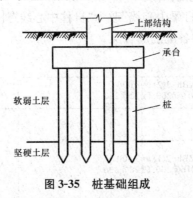

图 3-35 桩基础组成

桩身可以有多种分类方式，如按承载形式可分为端承桩和摩擦桩；按材料可分为混凝土桩、钢桩及组合桩，一般单独出图表示。

桩承台一般是钢筋混凝土结构，承台有多种形式，如柱下独立承台、箱形承台、筏形承台、柱下梁式承台和墙下条形承台等。常用的承台为矩形承台、三桩承台。

一、桩基承台编号

桩基承台平法施工图，有平面注写与截面注写两种表达方式。而桩基承台又可分为独立承台和承台梁，分别按表 3-13、表 3-14 的规定编号。

表 3-13 独立承台编号

类型	独立承台截面形状	代号	序号	说明
独立承台	阶形	CT_J	××	单阶截面即平板式独立承台
	坡形	CT_P	××	

表 3-14 承台梁编号

类型	代号	序号	跨数及有无外伸
承台梁	CTL	××	(××)端部无外伸
			(××A)一端有外伸
			(××B)两端有外伸

二、独立承台的平面注写方式

独立承台(图 3-36)的平面注写方式，可分为集中标注和原位标注两部分内容。

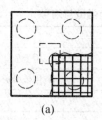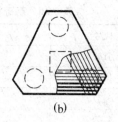

(a)　　　　　　　　　(b)

图 3-36　独立承台

(a)矩形独立承台；(b)等腰三桩独立承台

独立承台的集中标注是在承台平面上集中引注：独立承台编号、截面竖向尺寸、配筋三项必注内容，以及承台底面标高(与承台底面基准标高不同时)和必要的文字注解两项选注内容。原位标注主要注写平面尺寸。独立承台集中标注说明与原位标注说明见表 3-15。

表 3-15　独立承台集中标注说明与原位标注说明

注写形式	表达内容	附加说明
$CT_J \times \times$	独立承台编号，包括代号、序号	—
$h_1/h_2 \cdots\cdots = \times \times / \times \times / \cdots\cdots$	承台截面竖向尺寸	—
B：$\Phi \times \times @ \times \times \times$；T：$\Phi \times \times @ \times \times \times$；(X，Y 或 X&Y；$\triangle \times \times$B $\times \times \times 3/\Phi \times \times @ \times \times \times \times$；$\triangle \times \times$ $\Phi \times \times + \times \times \Phi \times \times \times 2/\Phi \times \times @ \times \times \times$)	底部与顶部贯通纵筋强度等级、直径、间距；(矩形或多边形表示方式；等边三桩承台表示方式；等腰三边承台表示方式)	用"B"引导顶部贯通纵筋，用"T"引导底部贯通筋。矩形及多边承台用 X 和 Y 表示方向标注正交配筋；三边承台在配筋前加"$\triangle$"
(×，×××)	注写承台底面标高	承台底面与基准标高不同时标注
必要文字注解	—	—
<td colspan="3" align="center">独立承台的原位标注说明</td>
x，y，x_c，y_c，x_i，y_i	承台平面尺寸	x，y 为独立承台两向边长；x_c，y_c 为柱截面尺寸，或为 d_c；x_i，y_i 为阶宽或坡形平面尺寸

三、承台梁的平面注写方式

承台梁的平面注写方式，可分为集中标注和原位标注两部分。

集中标注的内容为承台梁编号、截面尺寸、配筋三项必注内容，以及承台梁底面标高(与承台底面基准标高不同时)和必要的文字注解两项选注内容。

具体规定可参照条形基础中基础梁的标注说明，只是编号不同。

四、基础相关构造制图规则

(1)基础相关构造类型与编号(见表 3-16)。对基础相关构造的平法施工图，是在基础平面图上采用直接引注方式表达。

表 3-16 基础相关构造类型与编号

构造类型	代号	序号	说明
基础连系梁	JLL	××	用于独立基础、条形基础、桩基承台
后浇带	HJD	××	用于梁板、平板筏形基础、条形基础
上柱墩	SZD	××	用于平板筏形基础
下柱墩	XZD	××	用于梁板、平板筏形基础
基坑(沟)	JK	××	用于梁板、平板筏形基础
窗井墙	CJQ	××	用于梁板、平板筏形基础
防水板	FBPB	××	用于独立基础、条形基础、桩基加防水板

(2)筏形基础相关构造注写内容见表 3-17。

表 3-17 筏形基础相关构造注写内容

构造类型	注写形式	表达内容	附加说明
基础连系梁	JLL××(×)	—	按 16G101-1 中非框架梁注写执行
后浇带	HJD×× $b=×××$ LT/C××	编号 后浇带宽度 留筋方式/混凝土强度等级	留筋方式是指连接还是贯通,混凝土强度等级一般高于筏形基础且为不收缩或微膨胀型
上柱墩	SZD×× $h_d/c_1/c_2$ ×× Φ ××…… Φ××@××$(m×n)$ 或 LΦ××@××	编号 几何尺寸 纵筋 箍筋	纵筋为总根数:坡形柱墩,配斜竖向,阶形配竖向;箍筋:矩形时 X 向肢数为 m,Y 向肢数为 n,L 代表螺旋箍筋
下柱墩	XZD×× $h_d/c_1/c_2$ XΦ××@××/YΦ× ×@××/XΦ×× @××或 XΦ××@× ×/YΦ××@××	编号 截面尺寸 X/Y 纵筋/箍筋 或 X/Y 纵筋	纵筋配置:X 向、Y 向分别按间距布置,阶形设箍筋,坡形不设箍筋

构造类型	注写形式	表达内容	附加说明
基坑 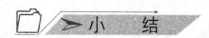	JK×× $h_k/x×y$ 或 $h_k/D=××$	编号 基坑深/x、y方向 尺寸或圆形基坑直径	—
窗井墙	CJQ××	—	按 16G101-1 中剪力墙及 地下室外墙执行

小　结

　　本章主要介绍基础部分结构施工图的内容及识图的基本方法。其中对较常用的独立基础、筏形基础和桩基承台做了详细说明，并对桩基础和基础相关构造做了简单介绍。

第四章　钢筋混凝土柱平法施工图识读

内容提要

柱作为建筑结构中的主要受力构件,主要承受上部结构梁、板等传递的荷载,并将荷载传递给基础。本章内容主要包括柱平法施工图制图规则;对框架柱纵向钢筋构造、抗震框架柱箍筋构造等知识也做了适当的介绍。

知识目标

1. 熟悉柱构件钢筋识图的基本知识。
2. 掌握柱平法施工图的制图规则。
3. 掌握柱构件钢筋识图的方法。
4. 掌握框架柱纵向钢筋的构造和箍筋的构造。

能力目标

1. 能够使学生具有应用柱平法施工图的制图规则,识读柱平法施工图的能力。
2. 能够具备读懂各标注含义的能力。
3. 能够使学生具备根据柱平法施工图,绘制柱截面图、立面图的能力。
4. 能够使学生具有识读柱的钢筋形状和确定其尺寸的能力。

第一节　柱平法施工图制图规则

柱平法施工图是在柱平面布置图上,采用列表注写方式或截面注写方式表达。在柱平法施工图中,应注明各结构层的楼面标高、结构层高及相应的结构层号,还应注明上部结构嵌固部位位置。

一、列表注写方式

列表注写方式是在柱平面布置图上(一般只需要采用适当比例绘制一张柱平面布置图,包括框架柱、转换柱、芯柱、梁上柱和剪力墙上柱),分别在同一编号的柱中选择一个(有时需要选择几个)截面标注几何参数代号；同时，在柱表(见表 4-1)中注写柱编号、柱段起止标高、几何尺寸(含柱截面对轴线的偏心情况)与配筋的具体数值，并配以各种柱截面形状及其箍筋类型图的方式，来表达柱的平法施工图(图 4-1、图 4-2)。

表 4-1　柱表(局部)

柱	标高/m	$b \times h$/(mm×mm)	b_1/mm	b_2/mm	h_1/mm	h_2/mm	角筋	b 边一侧中部筋	h 边一侧中部筋	箍筋类型号	箍筋	节点核心区箍筋
KZ1-1	−5.600～−0.150	600×600	300	300	300	300	4Φ25	2Φ25	2Φ25	1(4×4)	Φ8@100/200	Φ8@100
	−0.150～4.800	600×600	300	300	300	300	4Φ25	2Φ20	2Φ20	1(4×4)	Φ8@100/200	Φ8@100
	4.800～9.450	600×600	300	300	300	300	4Φ25	2Φ20	2Φ20	1(4×4)	Φ8@100/200	Φ8@100
	9.450～14.400		300	300	300	300	4Φ25	2Φ20	2Φ20	1(4×4)	Φ8@100/200	Φ8@100
KZ1-2	−5.600～−0.150	600×600	300	300	300	300	4Φ25	2Φ25	3Φ25	1(4×4)	Φ8@100/200	Φ8@100
	−0.150～4.800	600×600	300	300	300	300	4Φ25	2Φ20	3Φ22	1(4×4)	Φ8@100/200	Φ8@100
	4.800～9.450	600×600	300	300	300	300	4Φ25	2Φ20	3Φ20	1(4×4)	Φ8@100/200	Φ8@100
	9.450～14.400	600×600	300	300	300	300	4Φ25	2Φ20	2Φ20	1(4×4)	Φ8@100/200	Φ8@100
KZ1-3	−5.600～−0.150	600×600	300	300	300	300	4Φ25	2Φ25	3Φ25	1(4×4)	Φ8@100/200	Φ8@100
	−0.150～4.800	600×600	300	300	300	300	4Φ25	2Φ20	3Φ25	1(4×4)	Φ8@100/200	Φ8@100
	4.800～9.450	600×600	300	300	300	300	4Φ25	2Φ20	3Φ25	1(4×4)	Φ8@100/200	Φ8@100
	9.450～14.400	600×600	300	300	300	300	4Φ25	2Φ20	3Φ25	1(4×4)	Φ8@100/200	Φ8@100

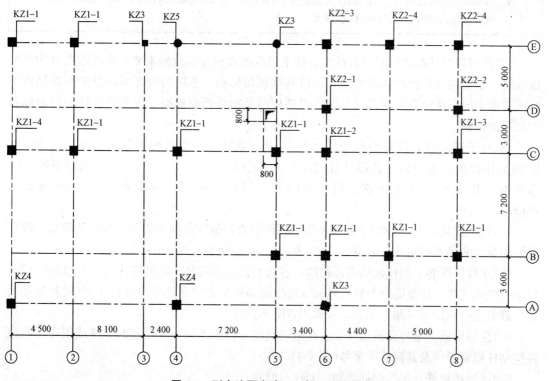

图 4-1　列表注写方式——柱平面布置图

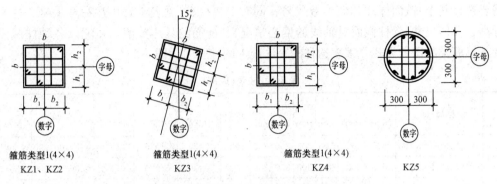

图 4-2 列表注写方式——箍筋类型

柱表注写内容包括以下几项：

(1)注写柱编号。柱编号由代号和序号组成(见表 4-2)。

表 4-2 柱编号

柱类型	代号	序号
框架柱	KZ	××
转换柱	ZHZ	××
芯柱	XZ	××
梁上柱	LZ	××
剪力墙上柱	QZ	××
注：编号时，当柱的总高度、分段截面尺寸和配筋均对应相同，仅截面与轴线的关系不同时，仍可将其编为同一柱号，但应在图中注明截面与轴线的关系。		

(2)注写各段柱起止标高。自柱根部往上以变截面位置或截面未变但配筋改变处为界分段注写。框架柱及转换柱的根部标高是指基础顶面标高；芯柱的根部标高是指根据结构实际需要而定的起始位置标高；梁上柱的根部标高是指梁顶面标高；剪力墙上柱的根部标高为墙顶面标高。

(3)对于矩形柱，注写柱截面尺寸 $b×h$ 及与轴线关系的几何参数代号 b_1、b_2 和 h_1、h_2 的具体数值，需对应于各段柱分别注写。其中 $b=b_1+b_2$，$h=h_1+h_2$，当截面的某一边收缩变化至与轴线重合或偏到轴线的另一侧时，b_1、b_2、h_1、h_2 中的某项为零或负值。

(4)对于圆柱，表 4-1 中 $b×h$ 一栏改用在圆柱直径数字前加 d 表示。为表达简单，圆柱截面与轴线的关系也用 b_1、b_2 和 h_1、h_2 表示，并使 $d=b_1+b_2=h_1+h_2$。

(5)注写柱纵筋。当柱纵筋直径相同，各边根数也相同时，将纵筋注写在"全部纵筋"一栏中；除此之外，柱纵筋分角筋、截面 b 边中部筋和 h 边中部筋三项分别注写(对称配筋的矩形截面柱可只注写一侧中部筋，对称边省略不注)。

(6)注写箍筋类型号及箍筋肢数。在箍筋类型号栏中注写，并在表的上部或图中适当位置绘制柱截面形状及其箍筋类型号(图 4-3)。

(7)注写柱箍筋，包括钢筋级别、直径与间距。

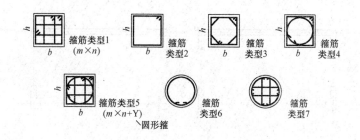

图 4-3　箍筋类型

1)用斜线"/"区分柱端箍筋加密区与柱身非加密区长度范围内箍筋的不同间距。

[例 4-1]　ϕ10@100/250，表示箍筋为 HPB300 级钢筋，直径为 10 mm，加密区间距为 100 mm，非加密区间距为 250 mm。

2)当框架节点核心区内箍筋与柱端箍筋设置不同时，应在括号中注明核心区箍筋直径和间距。

[例 4-2]　ϕ10@100/250(ϕ12@100)，表示箍筋为 HPB300 级钢筋，直径为 10 mm，加密区间距为 100 mm，非加密区间距为 250 mm。框架节点核心区内箍筋为 HPB300 级钢筋，直径为 12 mm，间距为 100 mm。

3)当箍筋沿柱全高为一种间距时，则不使用斜线"/"线。

[例 4-3]　ϕ10@100，表示沿柱全高范围内箍筋均为 HPB300 级钢筋，直径为 10 mm，间距为 100 mm。

4)当圆柱采用螺旋箍筋时，需在箍筋前加"L"。

[例 4-4]　Lϕ10@100/200，表示采用螺旋箍筋，HPB300 级钢筋，直径为 10 mm，加密区间距为 100 mm，非加密区间距为 200 mm。

二、截面注写方式

截面注写方式是在柱平面布置图的柱截面上同一编号的柱中选择一个截面，以直接注写截面尺寸和配筋具体数值的方式来表达柱平法施工图，如图 4-4 所示。

(1)对除芯柱外的所有柱截面按柱编号的规定进行编号，从相同编号的柱中选择一个截面，按另一种比例原位放大绘制柱截面配筋图，并在各配筋图上继其编号后再注写截面尺寸 $b \times h$、角筋或全部纵筋(当纵筋采用一种直径且能够图示清楚时)、箍筋的具体数值(箍筋的注写方式及对柱纵筋搭接长度范围的箍筋间距要求同前)，以及在柱截面配筋图上标注柱截面与轴线关系 b_1、b_2、h_1、h_2 的具体数值。

(2)当纵筋采用两种直径时，需再注写截面各边中部筋的具体数值(对于采用对称配筋的矩形截面柱，可仅在一侧注写中部筋，对称边省略不注)。

(3)当在某些框架柱的一定高度范围内，在其内部的中心位置放置芯柱时，首先按规定进行编号，继其编号后注写芯柱的起止标高、全部纵筋及箍筋的具体数值。芯柱截面尺寸按构造确定，并按标准构造详图施工，设计不注；当设计者采用与本构造详图不同的做法时，应另行注明。芯柱定位随框架柱，不需要注写其与轴线的几何关系。

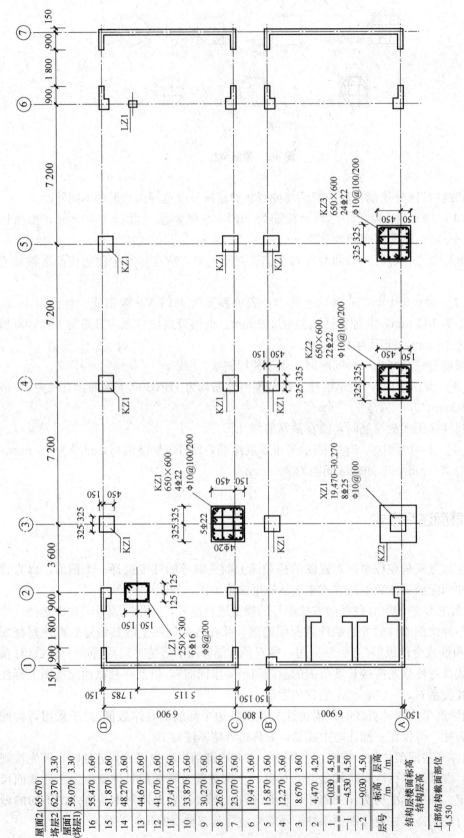

图 4-4 柱平法施工图截面注写方式示例

		层高/m														

屋面2	65.670	3.30
塔层2	62.370	3.30
屋面1 (塔层1)	59.070	3.60
16	55.470	3.60
15	51.870	3.60
14	48.270	3.60
13	44.670	3.60
12	41.070	3.60
11	37.470	3.60
10	33.870	3.60
9	30.270	3.60
8	26.670	3.60
7	23.070	3.60
6	19.470	3.60
5	15.870	3.60
4	12.270	3.60
3	8.670	3.60
2	4.470	4.20
1	−0.030	4.50
−1	−4.530	4.50
−2	−9.030	4.50
层号	标高/m	层高/m

结构层楼面标高
结构层高
上部结构嵌固部位 −4.530

· 48 ·

(4)在截面注写方式中，如柱的分段截面尺寸和配筋均相同，仅截面与轴线的关系不同时，可将其编为同一柱号。但此时应在未画配筋的柱截面上注写该柱截面与轴线的具体尺寸。

第二节　框架柱纵向钢筋构造

一、框架柱纵向钢筋的一般连接构造

动画 1：框架拉纵筋

框架柱纵向钢筋连接的方式有绑扎搭接、焊缝连接、机械连接。

1. 框架柱纵向钢筋非连接区位置

(1)当嵌固部位位于基础顶面时，KZ 纵向钢筋的连接构造如图 4-5 所示。

1)嵌固部位以上非连接区高度≥$H_n/3$，H_n 表示框架柱所在楼层的柱净高。

2)楼层梁部位的非连接区范围包括楼层梁底面以下部分、楼层梁截面高度范围内、楼层梁顶面以上部分。其中，楼层梁底面以下部分和顶面以上部分的非连接区高度均为 $\max(H_n/6、h_c、500\ \text{mm})$，即 $H_n/6、h_c、500\ \text{mm}$ 中的较大值，其中 h_c 表示柱截面长边尺寸(圆柱为截面直径)，H_n 表示框架柱所在楼层的柱净高。

(2)当嵌固部位位于基础顶面以上时，图 4-6 所示为地下室 KZ 纵向钢筋的连接构造。

1)基础顶面以上非连接区的高度为 $\max(H_n/6、h_c、500\ \text{mm})$，其中 h_c 表示柱截面长边尺寸(圆柱为截面直径)，H_n 表示框架柱所在楼层的柱净高。

2)嵌固部位以上非连接区高度≥$H_n/3$，H_n 表示框架柱所在楼层的柱净高。

3)地下室楼面梁部位的非连接区范围包括地下室楼面梁底面以下部分、地下室楼面梁截面高度范围内、地下室楼面梁顶面以上部分。其中，地下室楼面梁底面以下部分和顶面以上部分的非连接区高度均为 $\max(H_n/6、h_c、500\ \text{mm})$。

2. 框架柱纵向钢筋连接要求

框架柱相邻纵向钢筋的连接接头应相互错开，在同一连接区段内钢筋接头面积百分率不宜大于 50%。

(1)当采用绑扎搭接时，搭接长度为 l_{lE}，相邻纵向钢筋连接点应错开 $0.3l_{lE}$。

(2)当采用机械连接时，相邻纵向钢筋连接点应错开 $35d$(d 为较大纵向钢筋的直径)。

(3)当采用焊缝连接时，相邻纵向钢筋连接点应错开 $\max(35d、500\ \text{mm})$(d 为较大纵向钢筋的直径)。

二、KZ 边柱和角柱柱顶纵向钢筋构造

KZ 边柱和角柱柱顶纵向钢筋构造如图 4-7 所示。

1. 柱筋作为梁上部钢筋使用

(1)当柱外侧纵向钢筋直径不小于梁上部钢筋直径时，柱外侧纵向钢筋可直接弯入梁内做梁上部纵向钢筋。

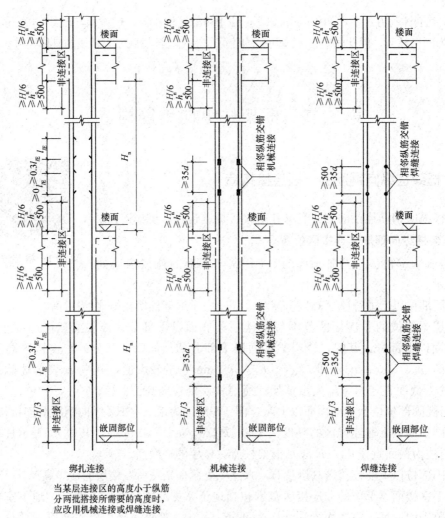

绑扎连接　　　　机械连接　　　　焊缝连接

当某层连接区的高度小于纵筋
分两批搭接所需要的高度时，
应改用机械连接或焊缝连接

图 4-5　KZ 纵向钢筋的连接构造

（2）当柱纵向钢筋直径≥25 mm 时，在柱宽范围的柱箍筋内侧设置不少于 3Φ10 的角部附加钢筋，间距大于 150 mm。

（3）柱内侧纵筋向上伸至梁纵向钢筋下面弯锚，弯锚平直段长度为 12d。

2. 柱外侧纵向钢筋配筋率＞1.2％时

（1）柱外侧纵向钢筋向上伸至梁上部纵向钢筋之下进行弯锚。

（2）柱外侧纵向钢筋配筋率＞1.2％时，柱外侧纵向钢筋伸入梁内弯锚的纵筋应当分两批截断，第一批纵向钢筋伸入梁内的长度从梁底算起≥$1.5l_{abE}$；第二批纵向钢筋的断点与第一批应相互错开，错开距离应≥20d。

（3）当柱纵向钢筋直径≥25 mm 时，在柱宽范围的柱箍筋内侧设置不少于 3Φ10 的角部附加钢筋，间距大于 150 mm。

（4）柱内侧纵筋向上伸至梁纵向钢筋下面弯锚，弯锚平直段长度为 12d。

（5）梁上部纵向钢筋伸至柱外侧纵向钢筋内侧弯折至梁底位置，弯折段长度≥15d。

3. 柱外侧钢筋未伸入梁内时

（1）当柱外侧纵向钢筋未伸入梁内时，柱顶第一层钢筋伸至柱内边向下弯折 8d，柱顶

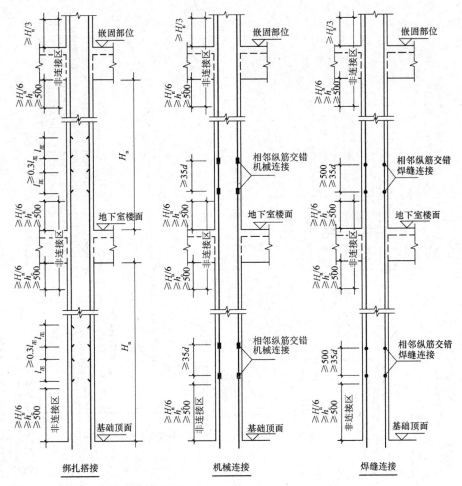

当某层连接区的高度小于纵筋分两批搭接所
需要的高度时，应改用机械连接或焊缝连接

图 4-6 地下室 KZ 纵向钢筋的连接构造

第二层钢筋伸至柱内边。

（2）柱内侧纵筋向上伸至梁纵向钢筋下面弯锚，弯锚平直段长度为 12d。

（3）当柱纵筋直径≥25 mm 时，在柱宽范围的柱箍筋内侧设置不少于 3φ10 的角部附加钢筋，间距大于 150 mm。

4. 梁上部纵向钢筋配筋率＞1.2％时

（1）柱外侧纵向钢筋向上伸至柱顶。

（2）梁上部纵向钢筋伸至柱外侧纵向钢筋内侧向下弯锚。

（3）梁上部纵向钢筋配筋率＞1.2％时，伸入柱内的梁上部纵向钢筋应当分两批截断，第一批纵向钢筋伸入柱内竖直段长度为≥1.7l_{abE}，第二批纵向钢筋的断点与第一批应相互错开，错开距离应≥20d。当梁上部纵向钢筋为两排时，要先断第二排钢筋。

（4）当柱纵向钢筋直径≥25 mm 时，在柱宽范围的柱箍筋内侧设置不少于 3φ10 的角部附加钢筋，间距大于 150 mm。

（5）柱内侧纵向钢筋向上伸至梁纵筋下面弯锚，弯锚平直段长度为 12d。

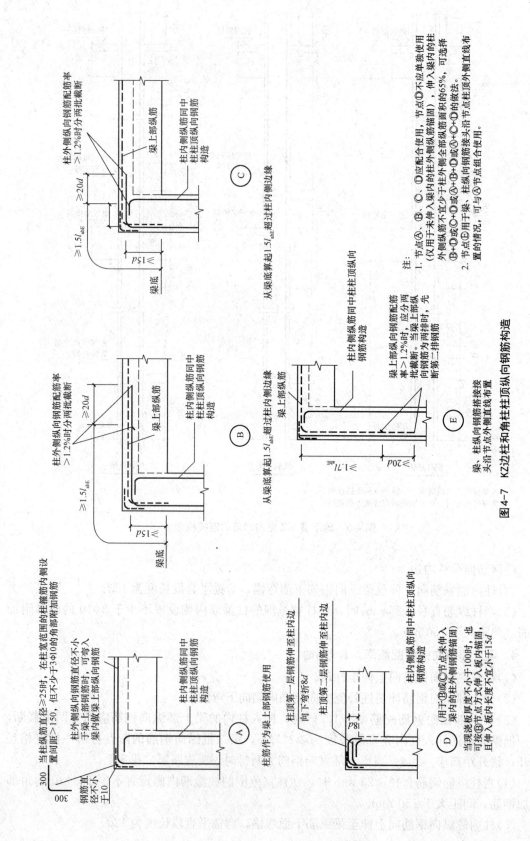

图 4-7 KZ边柱和角柱柱顶纵向钢筋构造

三、KZ 中柱柱顶纵向钢筋构造

KZ 中柱柱顶纵向钢筋构造如图 4-8 所示。

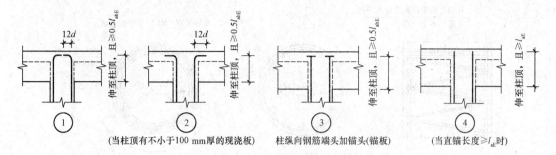

图 4-8　KZ 中柱柱顶纵向钢筋构造

框架柱柱顶

（1）柱顶纵向钢筋伸至柱顶并向内弯折 $12d$，伸入梁内的竖直段长度 $\geqslant 0.5l_{abE}$。

（2）当柱顶有不小于 100 mm 厚的现浇板时，柱纵向钢筋伸至柱顶向外弯折 $12d$，且伸入梁内的竖直段长度 $\geqslant 0.5l_{abE}$。

（3）当柱纵向钢筋端头采用加锚头或锚板措施时，柱纵向钢筋伸至柱顶，且伸入梁内的竖直段长度 $\geqslant 0.5l_{abE}$。

（4）当直锚长度 $\geqslant l_{aE}$ 时，柱纵向钢筋伸至柱顶采用直锚。

四、KZ 柱变截面位置纵向钢筋构造

KZ 柱变截面位置纵向钢筋构造如图 4-9 所示。

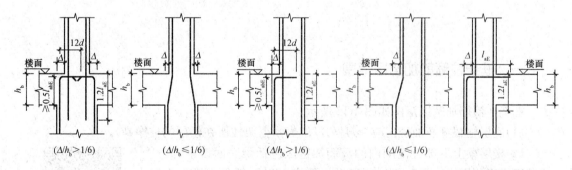

图 4-9　KZ 柱变截面位置纵向钢筋构造

框架柱变截面

（1）当 $\Delta/h_b \leqslant 1/6$ 时，KZ 柱纵向钢筋由下柱弯折连续直通至上柱。其中 Δ 为上柱截面缩进尺寸，h_b 为框架梁截面的高度。

（2）当 $\Delta/h_b > 1/6$ 时，KZ 下柱纵向钢筋向上伸至本层柱顶处弯锚，且下柱纵向钢筋竖直段长度应 $\geqslant 0.5l_{abE}$，弯折段长度为 $12d$。上柱纵向钢筋向下锚入下柱长度为 $1.2l_{aE}$。

五、抗震圆柱螺旋箍筋的构造

圆柱螺旋箍筋的构造如图 4-10 所示。

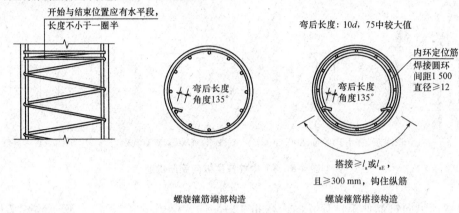

图 4-10　圆柱螺旋箍筋的构造

(1)圆柱螺旋箍筋端部弯折角度为 135°，弯钩平直段长度为 10d 和 75 mm 中的较大值。

(2)圆柱螺旋箍筋开始与结束位置应有水平段，长度不小于一圈半。

(3)圆柱螺旋箍筋连接时，搭接长度应≥l_a 或 l_{aE}，且≥300 mm，钩住纵向钢筋。

(4)如设内环定位箍，焊接圆环应沿柱每隔 1.5 m 设置一道，直径≥12 mm。

第三节　框架柱箍筋构造

一、框架柱箍筋加密区范围

框架柱箍筋加密区范围如图 4-11 所示。

(1)底层柱根箍筋加密区应≥$H_n/3$(H_n 表示框架柱所在楼层的柱净高)。

(2)楼层梁上下部位范围内的箍筋加密区包括梁底面以下部分、梁截面高度范围内、梁顶面以上部分。梁底面以下部分、梁顶面以上部分箍筋加密区高度均为 max($H_n/6$、h_c、500 mm)，即 $H_n/6$、h_c、500 mm 中的较大值，其中 h_c 表示柱截面长边尺寸(圆柱为截面直径)，H_n 表示框架柱所在楼层的柱净高。

(3)底层为刚性地面时，刚性地面上下各加密 500 mm，如图 4-12 所示。

微课 1：框架柱箍筋
加密长度计算

(4)柱净高与柱截面长边尺寸或圆柱直径形成 H_n/h_c≤4 的短柱，其箍筋沿柱全高加密。

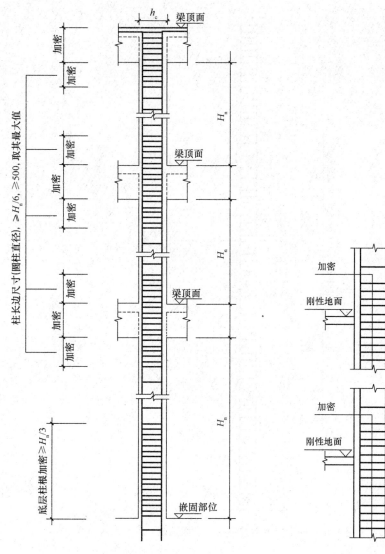

图4-11 框架柱箍筋加密区范围   图4-12 底层刚性地面箍筋加密区范围

二、地下室框架柱箍筋加密区范围

地下室框架柱箍筋加密区范围如图4-13所示。

(1)基础顶面以上箍筋加密区高度为 $\max(H_n/6、h_c、500\ \text{mm})$，其中 h_c 表示柱截面长边尺寸(圆柱为截面直径)，H_n 表示框架柱所在楼层的柱净高。

(2)嵌固部位以上箍筋加密区高度应 $\geq H_n/3$，H_n 表示框架柱所在楼层的柱净高。

微课 2：框架柱纵筋
非连接区长度计算

(3)楼层梁上下部位范围内的箍筋加密区包括梁底面以下部分、梁截面高度范围内、梁顶面以上部分。其中，梁底面以下部分、梁顶面以上部分箍筋加密区高度均为 $\max(H_n/6、h_c、500\ \text{mm})$。

(4)柱净高与柱截面长边尺寸或圆柱直径形成 $H_n/h_c \leqslant 4$ 的短柱，其箍筋沿柱全高加密。

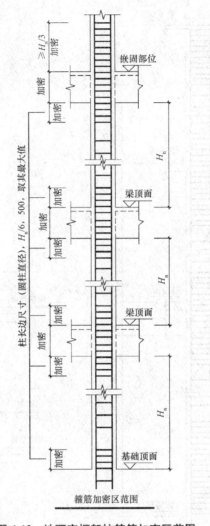

图 4-13　地下室框架柱箍筋加密区范围

📁 ➤ **小　　结**

本章主要介绍柱平法施工图制图规则和框架柱纵向钢筋和箍筋构造。柱平法施工图主要采用列表注写方式和截面注写方式表达。

📁 ➤ **复习思考题**

一、单选题

1. 框架柱中底层柱根嵌固部位箍筋加密区范围是（　　　）。

A. 500 mm　　　　　　B. 700 mm　　　　　　C. $H_n/3$　　　　　　D. $H_n/6$

2. 中柱顶层节点构造，当不能直锚时需要伸到节点顶后弯折，其弯折长度为（　　　）。

A. 15d　　　　　　B. 12d　　　　　　C. 15d　　　　　　D. 25d

·56·

3. 柱箍筋的弯钩构造要求采用135°弯钩，弯钩的平直段取值为(   )。

A. $10d$ 和 85 mm 中取大值   B. $10d$ 和 75 mm 中取大值

C. $12d$ 和 85 mm 中取大值   D. $12d$ 和 75 mm 中取大值

4. 若柱纵向钢筋采用对焊连接，同一截面的钢筋连接区段的长度为(   )。

A. $35d$ B. $35d$ 且 $\geqslant$500 mm

C. 500 mm   D. $1.3l_a$

5. 当柱变截面需要设置插筋时，插筋应该从变截面处节点顶向下插入的长度为(   )。

A. $1.6l_{aE}$ B. $1.5l_{aE}$ C. $1.2l_{aE}$ D. $0.5l_{aE}$

二、多选题

1. 两个柱编成统一编号必须具备的条件是(   )。

A. 柱的总高相同   B. 分段截面尺寸相同

C. 截面和轴线的位置关系相同   D. 配筋相同

2. 柱箍筋加密区范围包括(   )。

A. 节点范围   B. 底层刚性地面上下 500 mm

C. 基础顶面嵌固部位向上 $1/3H_n$ D. 搭接范围

3. 关于首层柱净高 H_n 的取值，下列说法正确的是(   )。

A. H_n 为首层净高

B. H_n 为首层高度

C. H_n 为嵌固部位至首层节点底

D. 无地下室时 H_n 为基础顶面至首层节点底

4. 在柱的列表注写方式中，柱表的注写内容包括柱的编号、截面尺寸、(   )的标注方法。

A. 箍筋规格和间距   B. 角部纵筋   C. b 边中部纵筋   D. h 边中部纵筋

5. 关于柱的表述，下列错误的是(   )。

A. XZ：现浇柱   B. ZHZ：转换柱   C. LZ：梁上柱   D. QZ：圈柱

第五章 钢筋混凝土梁平法施工图识读

内容提要

梁是建筑结构中常见的受弯构件。本章内容主要包括梁平法施工图制图规则；对框架梁钢筋构造、悬挑梁与悬挑梁端配筋构造、非框架梁钢筋构造等知识也做了适当的介绍。

知识目标

1. 熟悉梁构件钢筋识图的基本知识。
2. 理解梁构件的钢筋种类。
3. 掌握梁平法施工图的制图规则。
4. 掌握梁构件钢筋识图的方法。

能力目标

1. 能够使学生具有应用梁平法施工图的制图规则，识读梁平法施工图的能力。
2. 能够使学生具备根据梁平法施工图，绘制梁截面图、立面图的能力。

第一节 梁平法施工图制图规则

梁平法施工图是在梁平面布置图上，采用平面注写方式或截面注写方式或两者并用来表达其配筋。在梁平法施工图中常采用表格或其他方式注明，包括地下和地上各层的结构层楼(地)面标高、结构层高及相应的结构层号。梁的钢筋类型如图 5-1 所示。

一、平面注写方式

平面注写方式是在梁平面布置图上，分别在不同编号的梁中各选择一根梁，在其上直接注写截面尺寸和配筋具体数值的方式表达梁平法施工图，如图 5-2 所示。梁平法施工图平面注写方式包括集中标注和原位标注。集中标注表达梁的通用数值；原位标注表达梁的特殊数值。当集中标注中的某项数值不适用于梁的某部位时，则将该数值进行原位标注，施工时，原位标注的数值优先使用。

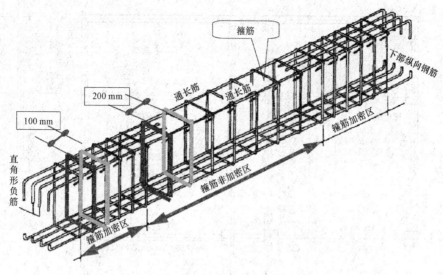

图 5-1 梁的钢筋类型

图中标注：箍筋、下部纵向钢筋、通长筋、通长筋、箍筋加密区、200 mm、100 mm、箍筋非加密区、直角形负筋、箍筋加密区

1. 梁集中标注的内容

梁集中标注的内容（可以从梁的任意一跨引出）主要包括梁编号、梁截面尺寸、梁箍筋、梁上部通长筋或架立筋配置、梁侧面纵向构造钢筋或受扭钢筋配置五项必注值，梁顶面标高高差一项选注值。

（1）梁编号。平面标注梁时，应将各梁逐一编号，梁编号主要由梁类型、代号、序号、跨数及是否带有悬挑组成（见表 5-1）。如图 5-3 所示，在梁平面注写方式中，KL4(5)表示第 4 号框架梁，5 跨，无悬挑。

（2）梁截面尺寸。当为等截面梁时，用 $b \times h$ 表示；当为竖向加腋梁时，用 $b \times h$ $Yc_1 \times c_2$ 表示，其中 c_1 为腋长，c_2 为腋高，如图 5-4(a)所示；当为水平加腋梁时，用 $b \times h$ $PYc_1 \times c_2$ 表示，其中 c_1 为腋长，c_2 为腋高，如图 5-4(b)所示；当有悬挑梁且根部和端部的高度不同时，用斜线分隔根部与端部的高度值，即 $b \times h_1/h_2$，如图 5-5 所示。

（3）梁箍筋。梁箍筋包括钢筋级别、直径、加密区与非加密区间距及肢数。箍筋的加密区和非加密区的不同间距及肢数需用斜线"/"分隔；当梁箍筋为同一种间距及肢数时，则不需用斜线；当加密区和非加密区的箍筋肢数相同时，则将肢数注写一次；箍筋肢数写在括号内。

[**例 5-1**]　φ8@100/200(4)，表示箍筋为 HPB300 级钢筋，直径为 8 mm，加密区间距为 100 mm，非加密区间距为 200 mm，均为四肢箍。

[**例 5-2**]　φ10@100(4)/150(2)，表示箍筋为 HPB300 级钢筋，直径为 10 mm，加密区间距为 100 mm，四肢箍；非加密区间距为 150 mm，两肢箍。

非框架梁、悬挑梁、井字梁采用不同的箍筋间距及肢数时，也用斜线"/"分隔。注写时，先注写梁支座端部的箍筋（包括箍筋的箍数、钢筋级别、直径、间距与肢数），在斜线后注写梁跨中部分的箍筋间距及肢数。

[**例 5-3**]　13φ10@150/200(4)，表示箍筋为 HPB300 级钢筋，直径为 10 mm；梁的两端各有 13 个四肢箍，间距为 150 mm；梁跨中部分间距为 200 mm，四肢箍。

[**例 5-4**]　18φ12@150(4)/200(2)，表示箍筋为 HPB300 级钢筋，直径为 12 mm；梁的两端各有 18 个四肢箍，间距为 150 mm；梁跨中部分间距为 200 mm，双肢箍。

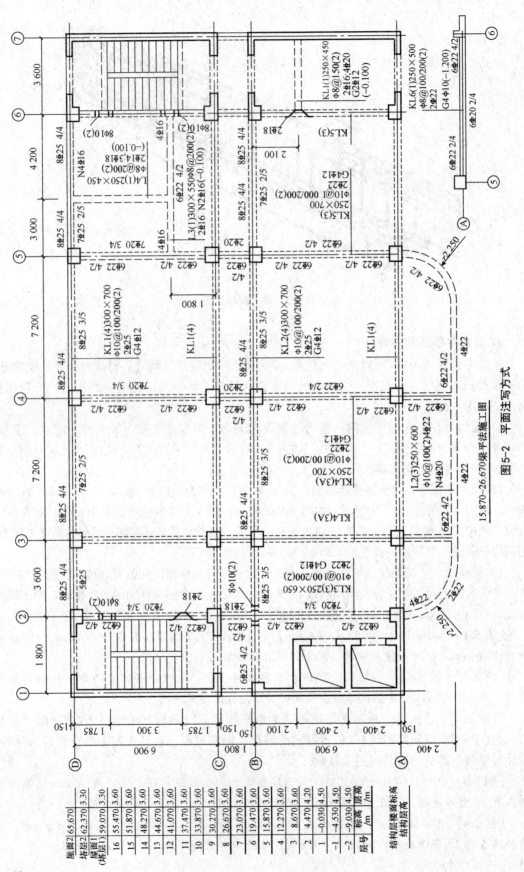

图 5-2 平面注写方式

15.870~26.670梁平法施工图

层号	标高 /m	层高 /m
屋面2	65.670	
塔层2	62.370	3.30
屋面1(塔层1)	59.070	3.30
16	55.470	3.60
15	51.870	3.60
14	48.270	3.60
13	44.670	3.60
12	41.070	3.60
11	37.470	3.60
10	33.870	3.60
9	30.270	3.60
8	26.670	3.60
7	23.070	3.60
6	19.470	3.60
5	15.870	3.60
4	12.270	3.60
3	8.670	3.60
2	4.470	4.20
1	-0.030	4.50
-1	-4.530	4.50
-2	-9.030	4.50
层号	标高 /m	层高 /m
结构层楼面标高 结构层高		

· 60 ·

表 5-1　梁编号

梁类型	代号	序号	跨数及是否带有悬挑
楼层框架梁	KL	××	(××)、(××A)或(××B)
楼层框架扁梁	KBL	××	(××)、(××A)或(××B)
屋面框架梁	WKL	××	(××)、(××A)或(××B)
框支梁	KZL	××	(××)、(××A)或(××B)
托架转换梁	TZL	××	(××)、(××A)或(××B)
非框架梁	L	××	(××)、(××A)或(××B)
悬挑梁	XL	××	(××)、(××A)或(××B)
井字梁	JZL	××	(××)、(××A)或(××B)

注：1. (××A)为一端有悬挑，(××B)为两端有悬挑，悬挑不计入跨数。
　　2. 楼层框架扁梁节点核心区代号 KBH。
　　3. 平法图集中非框架梁 L、井字梁 JZL 表示端支座为铰接；当非框架梁 L、井字梁 JZL 端支座上部纵筋为充分利用钢筋的抗拉强度时，在梁代号后加"g"。

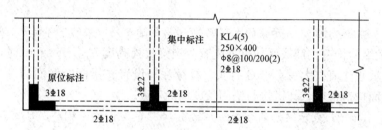

图 5-3　梁平面注写方式

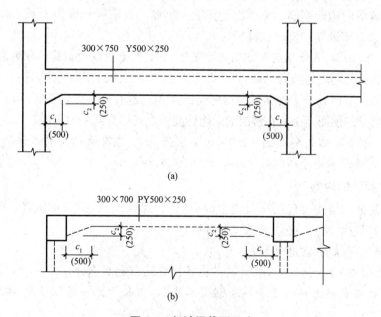

图 5-4　加腋梁截面尺寸

(a)竖向加腋梁；(b)水平加腋梁

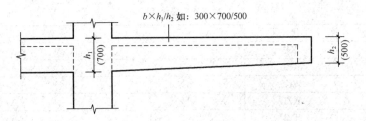

图 5-5 悬挑梁不等高截面尺寸

(4)梁上部通长筋或架立筋配置。当同排纵筋中既有通长筋又有架立筋时，应用加号"＋"将通长筋和架立筋相连，其中角部纵筋写在加号的前面，架立筋写在加号后面的括号内。

[例 5-5] 2⊕22＋(4Φ12)，表示 2⊕22 为通长筋，4Φ12 为架立筋。

当梁的上部纵筋和下部纵筋均为全跨相同，且多数跨配筋相同时，此项可加注下部纵筋的配筋值，用分号"；"将上部与下部纵筋的配筋值分隔开来；少数跨不同者，应按前述方法处理。

[例 5-6] 3⊕25；3⊕22，表示梁的上部配置 3⊕25 的通长筋，梁的下部配置 3⊕22 的通长筋。

(5)梁侧面纵向构造钢筋或受扭钢筋配置。当梁腹板高度 $h_w \geqslant 450$ mm 时，需设置纵向构造钢筋。此项必注值以大写字母 G 打头，接续注写设置在梁两个侧面的总配筋值，且对称配置。梁侧面构造钢筋，其搭接与锚固长度均为 $15d$。

[例 5-7] G4Φ12，表示梁的两个侧面共配置 4Φ12 的纵向构造钢筋，每侧各配置 2Φ12。

当梁侧面需配置受扭纵向钢筋时，此项注写值以大写字母 N 打头，接续注写配置在梁两个侧面的总配筋值，且对称配置。受扭纵向钢筋应满足梁侧面纵向构造钢筋的间距要求，且不再重复配置纵向构造钢筋。梁侧面受扭纵向钢筋，其搭接长度为 l_l 或 l_{lE}；其锚固长度和方式与框架梁下部纵筋的要求相同。

[例 5-8] N6⊕22，表示梁的两个侧面共配置 6⊕22 的受扭纵向钢筋，每侧各配置 3⊕22。

(6)梁顶面标高高差。梁顶面标高高差即相对于结构层楼面标高的高差值；对于位于结构层夹层的梁，则是指相对于结构夹层楼面标高的高差。若有高差时，需将其写入括号内；无高差时不注。当梁的顶面高于所在楼层的结构标高时，其标高高差为正值，反之为负值。

[例 5-9] 某楼层结构标高为 44.950 m，当某梁的梁顶面标高高差注写为(－0.050)时，则表明该梁顶面标高分别相对于 44.950 m 低 0.050 m。

2. 梁原位标注的内容

梁原位标注的内容主要包括梁支座上部纵筋(含通长筋)、梁下部纵筋、附加箍筋或吊筋等。当采用原位标注时，必须注意以下事项：

(1)梁支座上部纵筋(含通长筋)。

1)当上部纵筋多于一排时，用斜线"／"将各排纵筋自上而下分开。

[例 5-10] 梁支座上部纵筋注写为 6⊕25 4/2，则表示上一排纵筋为 4⊕25，下一排纵筋为 2⊕25。

2)当同排纵筋有两种直径时，用加号"＋"将两种直径的纵筋相连，注写时角筋写在前面。

[例 5-11] 梁支座上部纵筋注写为 2⊕25＋2⊕22，则表示梁支座上部有四根纵筋，2⊕25放在角部，2⊕22 放在中部。

3)当梁中间支座两边的上部纵筋不同时，需在支座的两边分别标注；当梁中间支座两边的上部纵筋相同时，可仅在支座的一边标注配筋值，另一边可略去不注，如图5-6所示。

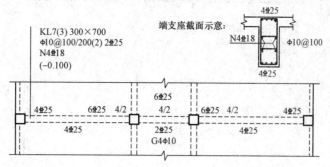

图 5-6　梁某跨支座与跨中的上部纵筋相同时的原位标注方法

（2）梁下部纵筋。

1）当下部纵筋多于一排时，用斜线"/"将各排纵筋自上而下分开。

[例5-12]　梁下部纵筋注写为6⊈25　2/4，则表示上一排纵筋为2⊈25，下一排纵筋为4⊈25，全部伸入支座。

2）当同排纵筋有两种直径时，用加号"＋"将两种直径的纵筋相连，注写时角筋写在前面。

3）当梁下部纵筋不全部伸入支座时，将梁支座下部纵筋减少的数量写在括号内。

[例5-13]　梁下部纵筋注写为6⊈25　2（-2）/4，则表示上排纵筋为2⊈25，且不伸入支座；下一排纵筋为4⊈25，全部伸入支座。

[例5-14]　梁下部纵筋注写为2⊈25＋3⊈22（-3）/5⊈25，则表示上排纵筋为2⊈25和3⊈22，其中3⊈22不伸入支座；下一排纵筋为5⊈25，全部伸入支座。

4）当梁的上部纵筋和下部纵筋均为全跨相同，且多数跨配筋相同时，在梁的集中标注中，已经将上部与下部纵筋的配筋值用分号"；"分隔用来分别注写了梁上、下部纵筋值，则不需在梁下部重复做原位标注。

（3）附加箍筋或吊筋。可将附加箍筋或吊筋直接画在平面图中的主梁上，用线引注总配筋值（图5-7）。当多数附加箍筋或吊筋相同时，可在梁平面整体配筋图上统一说明，少数与统一注明值不同时，再原位引注。

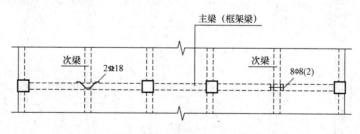

图 5-7　附加箍筋或吊筋

（4）当在梁上集中标注的内容（梁截面尺寸、箍筋、上部通长筋或架立筋，梁侧构造钢筋或受扭纵向钢筋，以及梁顶面标高高差中的某一项或几项数值）不适用于某跨或某悬挑部分时，应将其不同数值原位标注在该跨或该悬挑部分处，施工时应以原位标注的数值为准。

对于多跨梁的集中标注中已注明加腋，而该梁某跨的根部不需要加腋时，则应在该跨原位标注等截面的 $b \times h$，以修正集中标注中的加腋信息，如图5-8所示。

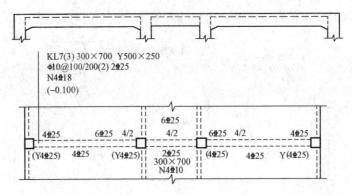

图 5-8　梁加腋平面注写方式

二、截面注写方式

截面注写方式是在分标准层绘制的梁平面布置图上，分别在不同编号的梁中选择一根梁，在用剖面号引出的截面配筋图上注写截面尺寸和配筋具体数值的方式来表达梁平法施工图，如图 5-9、图 5-10 所示。

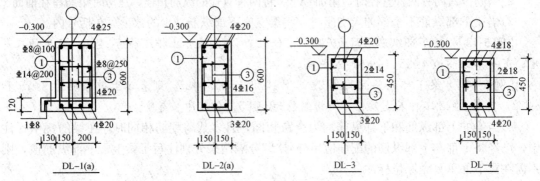

图 5-9　地梁截面图

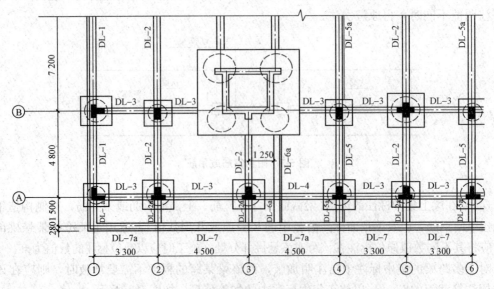

图 5-10　地梁平面布置图

（1）对所有梁按表5-1的规定进行编号，从相同编号的梁中选择一根梁，先将"单边截面号"画在该梁上，再将截面配筋详图画在本图或其他图上。当某梁的顶面标高与结构层的楼面标高不同时，还应继其梁编号后注写梁顶面标高高差。

（2）在截面配筋详图上注写截面尺寸 $b \times h$、上部钢筋、下部钢筋、侧面构造钢筋或受扭钢筋，以及箍筋的具体数值时，其表达形式与平面注写方式相同。

（3）截面注写方式既可以单独使用，也可以与平面注写方式结合使用。

第二节　框架梁钢筋构造

一、楼层框架梁纵向钢筋构造

楼层框架梁纵向钢筋构造如图5-11所示。

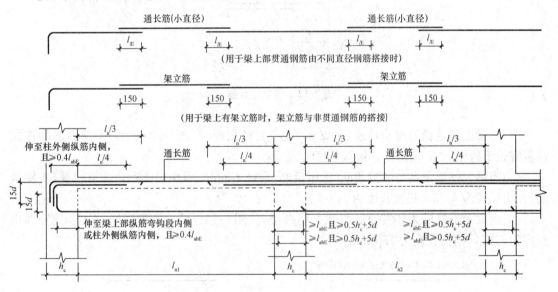

图5-11　楼层框架梁纵向钢筋构造

动画4：框架梁中间
支座纵筋构造

微课3：框梁
截面图绘制

微课6：梁架
立筋长度计算

微课7：梁支座
负筋长度计算

1. 楼层框架梁上部纵向钢筋构造

(1)凡框架梁的所有支座和非框架梁的中间支座上部纵筋的延伸长度值 a_0，在标准构造详图中统一取值规定：第一排非通长筋从柱（梁）边起延伸至 $l_n/3$ 位置处截断，其截面面积不超过上部纵筋面积的 50%；第二排非通长筋延伸至 $l_n/4$ 位置处截断，其截面面积不小于上部纵筋面积的 25%；其余钢筋可作为通长钢筋。其中 l_n 的取值：对于端支座为本跨的净跨值；对于中间支座为支座两边较大跨的净跨值。

(2)当端支座截面尺寸 $h_c < l_{aE}$ 时，楼层框架梁上部纵向钢筋可以在端支座进行弯锚，梁上部纵筋伸至柱外侧纵筋内侧，且 $\geq 0.4l_{abE}$，弯折段长度为 $15d$。

(3)当端支座截面尺寸 $h_c \geq l_{aE}$，且 $\geq 0.5h_c + 5d$ 时，楼层框架梁上部纵向钢筋可以在端支座进行直锚。图 5-12 所示为端支座直锚，当不能满足直锚要求时，可以进行弯锚。

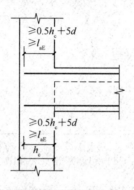

图 5-12　端支座直锚

(4)当梁上部通长筋与非贯通筋（支座负筋）直径相同时［图 5-13(a)］，上部纵筋的连接位置宜位于跨中 $l_{ni}/3$ 范围内，搭接长度为 l_{lE}。

(5)当梁上部通长筋与非贯通筋（支座负筋）直径不同时［图 5-13(b)］，非贯通筋（支座负筋）伸出长度为 $l_{ni}/3$，搭接长度为 l_{lE}。

(6)当梁上部纵筋为非贯通筋与架立筋搭接时［图 5-13(c)］，非贯通筋（支座负筋）伸出长度为 $l_{ni}/3$，搭接长度为 150 mm。

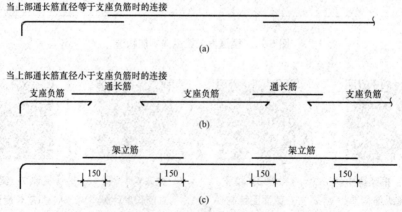

图 5-13　梁上部纵筋的连接

2. 楼层框架梁下部纵向钢筋构造

（1）当端支座截面尺寸 $h_c \geqslant l_{aE}$，且 $\geqslant 0.5h_c + 5d$ 时，楼层框架梁下部纵向钢筋可以在端支座进行直锚。图 5-12 所示为端支座直锚，当不能满足直锚要求时，可以进行弯锚。

（2）当端支座截面尺寸 $h_c < l_{aE}$ 时，楼层框架梁下部纵向钢筋可以在端支座进行弯锚，梁下部纵筋伸至梁上部纵筋内侧或柱外侧纵筋内侧，且 $\geqslant 0.4l_{abE}$，弯折段长度为 $15d$。

（3）楼层框架梁下部纵向钢筋可以在中间支座进行直锚，图 5-11 所示为楼层框架梁纵向钢筋构造，梁下部纵向钢筋直锚长度 $\geqslant l_{aE}$，且 $\geqslant 0.5h_c + 5d$。

（4）当梁下部纵向钢筋不全部伸入支座时，不伸入支座的梁下部纵筋截断点距支座边的距离为 $0.1l_{ni}$，l_{ni} 为本跨梁的净跨值。

3. 楼层框架梁变截面处纵向钢筋构造

（1）当中间支座两侧框架梁梁高不同时，两侧框架梁内纵向钢筋应满足相应的锚固构造（图 5-14）。

动画 5：框架梁变截面

1）当 $\Delta_h/(h_c - 50) > 1/6$ 时，支座两侧的楼层框架梁纵向钢筋在支座内进行锚固，当支座宽度 h_c 满足直锚要求时，纵向钢筋可直锚，锚固长度 $\geqslant l_{aE}$ 且 $\geqslant 0.5h_c + 5d$。当支座宽度 h_c 不满足直锚要求时，纵向钢筋可弯锚，弯锚时水平段长度 $\geqslant 0.4l_{abE}$，弯折段长度为 $15d$，如图 5-14(a)所示。

2）当 $\Delta_h/(h_c - 50) \leqslant 1/6$ 时，支座两侧的抗震楼层框架梁纵向钢筋可在支座内连续布置，如图 5-14(b)所示。

（2）当中间支座两侧框架梁梁宽不同或错开时，两侧框架梁内纵向钢筋应满足相应的锚固构造：当支座宽度 h_c 满足直锚要求时，纵向钢筋可直锚，锚固长度 $\geqslant l_{aE}$ 且 $\geqslant 0.5h_c + 5d$。当支座宽度 h_c 不满足直锚要求时，将无法直通的纵向钢筋弯锚入柱内，弯锚时水平段长度 $\geqslant 0.4l_{abE}$，弯折段长度为 $15d$。或当支座两侧纵向钢筋根数不同时，可将多出的纵向钢筋弯锚入柱内，如图 5-14(c)所示。

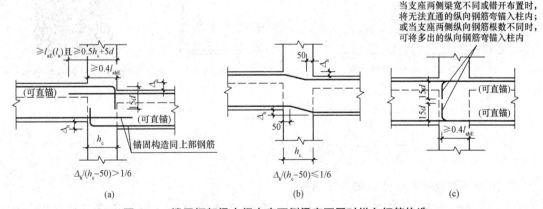

图 5-14　楼层框架梁中间支座两侧梁宽不同时纵向钢筋构造

［例 5-15］　楼层框架梁中间支座两侧梁高不同时纵向钢筋构造：图 5-15 所示为 KL3 平法施工图，楼层框架梁 3 号，第一跨梁高为 700 mm，第二跨梁高为 500 mm，第二跨梁上顶面标高比第一跨低 0.200 m，两跨梁下底面标高相同，纵向钢筋构造如图 5-16 所示。

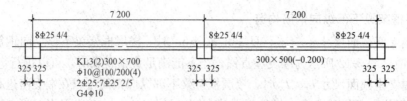

图 5-15　KL3 平法施工图

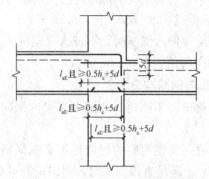

图 5-16　KL3 变截面处纵向钢筋构造

二、屋面框架梁纵向钢筋构造

1. 屋面框架梁端支座上部、下部纵筋

屋面框架梁端支座上部纵筋应弯折到本梁底面标高处，并与顶层框架边柱或角柱外侧纵筋进行搭接，如图 5-17 所示。屋面框架梁端支座下部纵筋构造与楼层框架梁下部纵向钢筋构造相同。

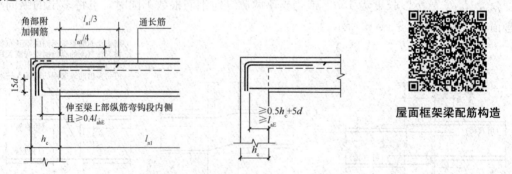

屋面框架梁配筋构造

图 5-17　屋面框架梁纵向钢筋构造

2. 屋面框架梁变截面处纵向钢筋构造

（1）当中间支座两侧框架梁梁高不同时，两侧框架梁内纵向钢筋应满足相应的锚固构造。

1）当 $\Delta_h/(h_c-50)>1/6$ 时，支座两侧的屋面框架梁纵向钢筋在支座内进行锚固，当支座宽度 h_c 满足直锚要求时，纵向钢筋可直锚，锚固长度 $\geqslant l_{aE}$ 且 $\geqslant 0.5h_c+5d$。当支座宽度 h_c 不满足直锚要求时，纵向钢筋可弯锚，弯锚时水平段长度 $\geqslant 0.4l_{abE}$，弯折段长度为 $15d$。图 5-18 所示为屋面框架梁中间支座两侧梁高不同时纵向钢筋构造。

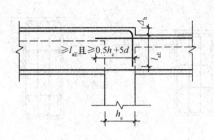
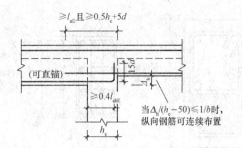

图 5-18　屋面框架梁中间支座两侧梁高不同时纵向钢筋构造

2)当 $\Delta_h/(h_c-50)\leqslant 1/6$ 时，支座两侧的屋面框架梁纵向钢筋可在支座内连续布置。

(2)当中间支座两侧框架梁梁宽不同或错开时，两侧框架梁内纵向钢筋应满足相应的锚固构造：当支座宽度 h_c 满足直锚要求时，纵向钢筋可直锚，锚固长度 $\geqslant l_{aE}$ 且 $\geqslant 0.5h_c+5d$。当支座宽度 h_c 不满足直锚要求时，将无法直通的纵向钢筋弯锚入柱内，弯锚时水平段长度 $\geqslant 0.4l_{abE}$，弯折段长度为 $15d$。或当支座两侧纵筋根数不同时，可将多出的纵筋弯锚入柱内。图 5-19 所示为屋面框架梁中间支座两侧梁宽不同时纵向钢筋构造。

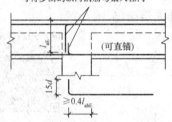

当支座两侧梁宽不同或错开布置时，将无法直通的纵向钢筋弯锚入柱内；或当支座两侧纵向钢筋根数不同时，可将多出的纵向钢筋弯锚入柱内

图 5-19　屋面框架梁中间支座两侧梁宽不同时纵向钢筋构造

三、梁侧面纵向钢筋和拉筋

梁侧面纵向构造筋和拉筋，如图 5-20 所示。

当梁的腹板高度 $h_w\geqslant 450$ mm 时，在梁的两个侧面应沿高度配置梁侧构造钢筋，且间距不宜大于 200 mm，并用拉筋拉接。当梁侧面配有直径不小于构造纵筋的受扭纵筋时，受扭纵筋可以代替构造钢筋。梁侧面构造钢筋的搭接与锚固长度可取 $15d$。梁侧面受扭纵向钢筋的搭接长度为 l_{lE} 或 l_l，其锚固长度为 l_{aE} 或 l_a，锚固方式同框架梁下部纵向钢筋。当梁配置侧面纵向钢筋时，梁内设置拉筋，拉筋同时勾住纵筋与箍筋，在一般情况下，当梁宽≤350 mm 时，拉筋直径为 6 mm；当梁宽>350 mm 时，拉筋直径为 8 mm，拉筋间距一般为非加密区箍筋间距的 2 倍。现浇板肋结构的 h_w 等于梁的有效高度减板的厚度；独立矩形梁的 h_w 等于梁的有效高度。

微课 4：框架梁内侧面构造筋与受扭钢筋长度

四、框架梁箍筋构造

框架梁箍筋加密区设置在梁支座附近，范围与其抗震级别有关。

(1)当抗震等级为一级时，箍筋加密区长度为 $\geqslant 2h_b$，且 $\geqslant 500$ mm；第一根箍筋在距离支座边缘 50 mm 处设置(图 5-21)。

(2)当抗震等级为二～四级时，箍筋加密区长度为 $\geqslant 1.5h_b$，且 $\geqslant 500$ mm；第一根箍筋

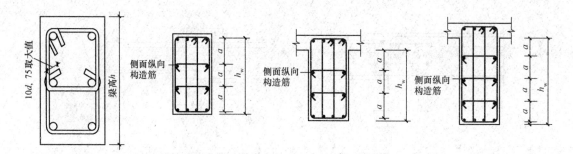

图 5-20　梁侧面纵向构造筋和拉筋

在距离支座边缘 50 mm 处设置(图 5-21)。

(3)当框架梁支座为主梁时,则此梁端箍筋可以不设置加密区,箍筋的规格及数量由设计人员确定(图 5-22)。

动画 7:框架梁纵筋与箍筋

微课 5:梁箍筋长度及根数计算

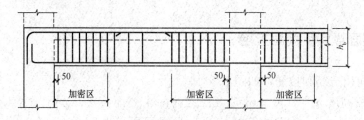

加密区: 抗震等级为一级: ≥2.0h_b且≥500
抗震等级为二~四级: ≥1.5h_b≥500

图 5-21　框架梁箍筋加密区范围(一)

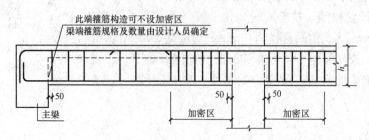

加密区: 抗震等级为一级: ≥2.0h_b且≥500
抗震等级为二~四级: ≥1.5h_b≥500

图 5-22　框架梁箍筋加密区范围(二)

五、附加吊筋与附加箍筋构造

在次梁与主梁相交处，由于主梁承受由次梁传来的集中荷载，其腹部可能出现斜裂缝，并引起局部破坏，因此，需要在主梁内集中荷载附近一定范围设置附加吊筋或附加箍筋，以承担全部集中荷载。

(1)附加吊筋构造，如图 5-23 所示。

1)附加吊筋斜边水平夹角：当梁高 $h_b \leq 800$ mm 时，取 45°；当梁高 $h_b > 800$ mm 时，取 60°。

2)附加吊筋上部水平边长度为 20d，d 为附加吊筋直径。

3)附加吊筋下底边长度为 $b+2\times50$ mm，b 为次梁宽度。

(2)附加箍筋构造，如图 5-24 所示。

1)第一根附加箍筋在距离次梁边 50 mm 处开始布置。

2)附加箍筋的间距为 8d，d 为箍筋直径，最大间距应小于正常箍筋间距；当在箍筋加密区范围时，间距应小于 100 mm。

3)附加箍筋布置范围 $s=3b+2h_1$，b 为次梁宽度，h_1 为主、次梁高度差。附加箍筋布置范围内梁正常箍筋或加密区箍筋正常设置。

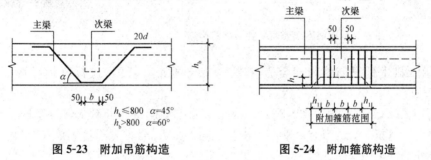

图 5-23　附加吊筋构造　　　　图 5-24　附加箍筋构造

第三节　悬挑梁与悬挑梁端配筋构造

一、悬挑梁上部纵向钢筋的配筋构造

悬挑梁的上部纵向钢筋是全跨贯通的，所以悬挑梁上部纵向钢筋在悬挑端上部跨中是以原位标注的方式进行标注。如图 5-25 所示为纯悬挑梁配筋构造，图 5-26 所示为中间层或屋面层悬挑梁配筋构造。

(1)第一排上部纵向钢筋，至少两根角筋，并且不少于第一排纵筋的 1/2 应一直伸到悬挑梁端部，以 90°弯折并伸至梁底，端部弯折段长度≥12d，其余纵向钢筋在端部附近以 45°进行弯折，端部弯折段长度≥10d。

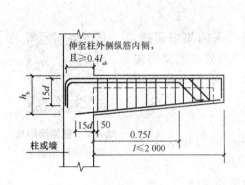
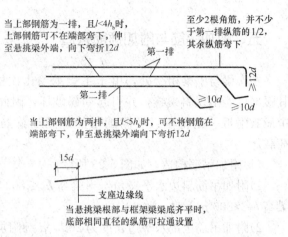

图 5-25 纯悬挑梁配筋构造

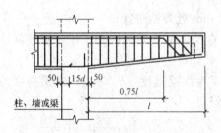

动画 8：框架梁悬挑端

图 5-26 中间层或屋面悬挑梁配筋构造

(2)第二排上部纵向钢筋伸至 75% 悬挑端长度处，以 45°进行弯折，端部弯折段长度≥10d。

(3)当上部纵向钢筋为一排，且 $l<4h_b$ 时，上部纵向钢筋可不在端部弯下，而伸至悬挑梁外端并向下弯折 12d；当上部钢筋为两排，且 $l<5h_b$ 时，可不将钢筋在端部弯下，而伸至悬挑梁外端并向下弯折 12d。

(4)当悬挑梁顶面与临跨框架梁顶面不平或者两侧上部纵向钢筋不同，上部纵向钢筋无法贯通支座时，则两侧纵向钢筋各自锚固，能直锚就不采用弯锚，构造做法同前述变截面处纵向钢筋构造做法。

(5)纯悬挑梁的上部纵向钢筋在支座处的锚固，需伸至柱外侧纵筋内侧，且≥$0.4l_{ab}$，弯折段长度为 15d。

二、悬挑梁下部纵向钢筋的配筋构造

悬挑梁下部纵向钢筋在柱(梁、墙)内的锚固长度为 15d，如图 5-25、图 5-26 所示。

三、悬挑梁的箍筋构造

悬挑梁的箍筋构造与框架梁箍筋构造做法相同，但一般没有加密区与非加密区的要求。

第四节　非框架梁钢筋构造

一、非框架梁上部纵向钢筋构造

(1)非框架梁上部纵向钢筋在端支座的锚固，图 5-27 所示为非框架梁配筋构造。

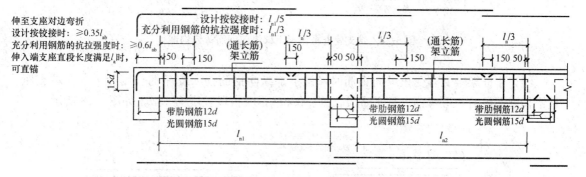

图 5-27　非框架配筋构造

1)当非框架梁上部纵向钢筋在端支座内的直段长度不小于 l_a 时，可不弯折进行直锚，直锚长度为 l_a。

2)当设计按铰接时，平直段伸至支座对边弯折，且平直段长度 $\geqslant 0.35 l_{ab}$，弯折段长度为 $15d(d$ 为纵向钢筋直径)。

3)当充分利用钢筋的抗拉强度时，平直段伸至支座对边弯折，且平直段长度 $\geqslant 0.6 l_{ab}$，弯折段长度为 $15d(d$ 为纵向钢筋直径)。

(2)非框架梁上部纵向钢筋的延伸长度。

1)非框架梁端支座上部纵向钢筋的延伸长度。

①当设计按铰接时，取 $l_{n1}/5$，l_{n1} 为本跨的净跨值。

②当充分利用钢筋的抗拉强度时，取 $l_{n1}/3$。

2)非框架梁中间支座上部纵向钢筋的延伸长度取 $l_n/3(l_n$ 为相邻左右两跨中跨度较大的一跨)。

(3)非框架梁端支座上部纵向钢筋的连接。

1)当梁上部有通长钢筋时，连接位置宜位于跨中 $l_{ni}/3$ 范围内，且在同一连接区段内的钢筋接头面积百分率不宜大于 50%。

2)当梁上部有架立筋时，架立筋与非通长筋搭接长度为 150 mm。

二、非框架梁下部纵向钢筋构造

(1)非框架梁下部纵向钢筋在支座内的锚固。

1)非框架梁的下部纵向钢筋在中间支座和端支座的直锚长度：对于带肋钢筋为 12d；对于光圆钢筋为 15d（d 为纵向钢筋直径）；若下部纵向钢筋伸入端支座的长度不满足直锚 12d（15d）要求，则应按图 5-28 所示伸至支座对边弯折，水平段长度：对于带肋钢筋≥7.5d，对于光圆钢筋≥9d。

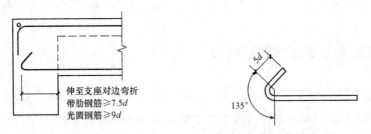

图 5-28　端支座非框架梁下部纵向钢筋弯锚构造

2)当非框架梁配有受扭纵向钢筋时，梁下部纵向钢筋锚入支座的长度为 l_a，在端支座直锚长度不足时，可弯锚，且平直段长度≥$0.6l_{ab}$，弯折段长度为 15d，如图 5-29 所示。

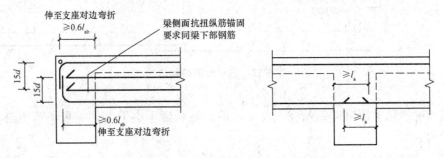

图 5-29　受扭非框架梁纵向钢筋构造

（2）非框架梁下部纵向钢筋的连接。非框架梁下部纵向钢筋的连接位置宜位于支座 $l_{ni}/4$ 范围内，且在同一连接区段内的钢筋接头面积百分率不宜大于 50%。

三、非框架梁箍筋构造

（1）当端支座为柱、剪力墙（平面内连接）时，梁端部应设箍筋加密区，设计应确定加密区长度，设计未确定时取该工程框架梁加密区长度。

（2）第一根箍筋在距离梁边 50 mm 处开始布置。

（3）弧形非框架梁箍筋间距沿梁凸面线度量。

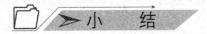　小　结

本章主要介绍梁平法施工图制图规则，框架梁钢筋构造，纯悬挑梁与悬挑梁端配筋构造，非框架梁钢筋构造。梁平法施工图可以通过集中标注、原位标注两种形式来表达梁的配筋和截面尺寸。

复习思考题

一、填空题

1. 非框架梁下部带肋钢筋在中间支座处锚固长度为_____。

2. 梁下部不伸入支座的纵向钢筋在距支座边_____处断开。

3. 梁腹板高度 $h_w \geqslant$ _____ mm 时，须在梁中配置纵向构造钢筋。

4. 梁集中标注中的(—0.100)表示梁顶面比梁所在结构层顶面低_____ mm。

5. 悬挑梁下部纵筋锚入支座内的长度为_____。

二、单选题

1. 框架梁的箍筋加密区判断条件为( )。

A. $1.5h_b$(梁高)、500 mm 取大值   B. $2h_b$(梁高)、500 mm 取大值

C. 500 mm   D. 一般不设加密区

2. 当梁上部纵筋多余一排时，用( )将各排钢筋自上而下分开。

A. /   B. ;   C. *   D. +

3. 梁有侧面钢筋时需要设置拉结筋，当设计没有给出拉结筋直径时如何判断？( )

A. 当梁高≤350 mm 时为 6 mm，梁高>350 mm 时为 8 mm

B. 当梁高≤450 mm 时为 6 mm，梁高>450 mm 时为 8 mm

C. 当梁宽≤350 mm 时为 6 mm，梁宽>350 mm 时为 8 mm

D. 当梁宽≤450 mm 时为 6 mm，梁宽>450 mm 时为 8 mm

4. KL2 的净跨长为 7 200 mm，梁截面尺寸为 300 mm×700 mm，箍筋的集中标注为 Φ10@100/200(2)一级抗震，加密区箍筋根数为( )。

A. 29   B. 30   C. 31   D. 32

5. 框架梁 KL1(3)，轴线跨度 3 800 mm，支座 KZ1 为 500 mm×500 mm，正中，集中标注的上部钢筋：2Φ25+(2Φ14)，每跨梁左右支座的原位标注：4Φ25，二级抗震，混凝土强度等级为 C25，KL1 每跨的架立筋长度为( )mm。

A. 1 100   B. 1 200   C. 1 300   D. 1 400

三、多选题

1. 框架梁上部纵筋包括( )。

A. 上部通长筋   B. 支座负筋   C. 架立筋   D. 腰筋

2. 下列关于框架梁的支座负筋延伸长度的规定，正确的是( )。

A. 第一排端支座负筋从柱边开始延伸至 $l_n/3$ 位置

B. 第二排端支座负筋从柱边开始延伸至 $l_n/4$ 位置

C. 第二排端支座负筋从柱边开始延伸至 $l_n/5$ 位置

D. 中间支座负筋延伸长度同端支座负筋

3. 梁的平面注写包括集中标注和原位标注，集中标注的五项必注值是( )。

A. 梁编号、截面尺寸   B. 梁上部通长筋、箍筋

C. 梁侧面纵向钢筋   D. 梁顶面标高高差

4. 下列关于支座两侧梁高不同的钢筋构造说法，正确的是( )。

A. 顶部有高差时，高跨上部纵筋伸至柱对边弯折 $15d$

B. 顶部有高差时，低跨上部纵筋直锚入支座 l_{aE} 即可

C. 底部有高差时，低跨上部纵筋伸至柱对边弯折，弯折长度为 $15d$ ＋高差

D. 底部有高差时，高跨下部纵筋直锚入支座 l_{aE}

5. 下列说法正确的是(   )。

A. KL1(4)表示框架梁，第 1 号，4 跨，无悬挑

B. WKL1(3A)表示屋面框架梁，第 1 号，3 跨，一端有悬挑

C. XL2 表示现浇梁第 2 号

D. L 表示非框架梁

四、简答题

1. 钢筋混凝土梁内有哪几种钢筋？它们各有何作用？

2. 主、次梁相交处设置的附加横向钢筋有何作用？在构造方面应满足哪些要求？

3. 钢筋混凝土梁中配置的腰筋和拉筋的作用是什么？应如何配置？

4. 梁中箍筋的作用是什么？应如何确定其肢数？

5. 楼层框架梁的纵向受力钢筋在支座内的锚固长度是多少？

6. 钢筋混凝土构件纵向受力钢筋的连接有哪些方法？其接头位置有何要求？

7. 二、三级抗震等级的框架梁，箍筋加密区的长度和箍筋的间距有何要求？

8. 梁纵向受力钢筋的混凝土保护层厚度在正常环境条件下有何要求？分布钢筋、箍筋及构造钢筋的混凝土保护层厚度有何要求？

9. 框架梁上部负筋的截断位置和数量是如何规定的？

10. 钢筋混凝土构件中纵向受力钢筋如果采用绑扎接头，应满足哪些要求？

第六章　现浇混凝土楼面和屋面结构平法施工图识读

内容提要

　　楼（屋）面板是建筑物水平方向的受力承重构件。其承受的楼（屋）面荷载有永久荷载、活荷载、地震作用等。现浇钢筋混凝土楼板是指在现场依照设计位置，进行支模、绑扎钢筋、浇筑混凝土，经养护、拆模板而制作的楼板。本章内容主要包括板的配筋种类、位置、识读方法及板钢筋构造处理。

知识目标

1. 熟悉楼（屋）面板识图的基本知识。
2. 理解板构件的钢筋种类。
3. 掌握板平法施工图的制图规则。
4. 掌握板构件钢筋识图的方法。

能力目标

1. 能够使学生具有应用板平法施工图的制图规则，识读板平法施工图的能力。
2. 能够使学生具备根据板平法施工图，绘制板截面图、立面图的能力。

第一节　钢筋混凝土板基础知识

一、板的类型

　　板配筋种类如图 6-1 所示。

　　当 $l_2/l_1 > 2$ 时，板上的荷载主要沿短边方向传到支承构件上，而沿长边方向传递的荷载则很少，可以忽略不计，这种板叫作单向板，也叫作梁式板；当 $l_2/l_1 \leqslant 2$ 时，板在两个方向的弯曲均不可忽略，板双向受弯，板上的荷载沿两个方向传到支承构件上，这种板叫作双向板，也叫作四边支承板。其中，l_2 为板的长边尺寸，l_1 为板的短边尺寸。

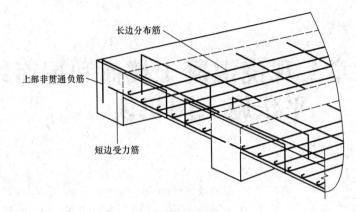

图 6-1　板配筋种类

混凝土板按下列原则进行布筋：

(1)两对边支承的板应按单向板计算(如梯段板)。

(2)四边支承的板，当 $l_2/l_1 \leqslant 2$ 时，应按双向板布筋；当 $2 < l_2/l_1 < 3$ 时，应按双向板布筋；当 $l_2/l_1 \geqslant 3$ 时，应按沿短边方向受力的单向板计算，并沿长边方向布置构造筋。

二、有梁楼盖板配筋

板内配筋如图 6-2 所示。

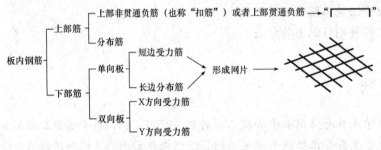

图 6-2　板内配筋

受力钢筋的作用：主要是用来承受由弯矩在板内产生的拉力，放在板的受拉一侧。一般 $d = 8 \sim 12$ mm，板厚较大时，钢筋直径可取 $14 \sim 18$ mm。间距 S：当板厚 $h \leqslant 150$ mm 时，$S \leqslant 200$ mm；当板厚 $h > 150$ mm 时，$S \leqslant 1.5h$ 和 300 mm；在任何情况下，$S \geqslant 70$ mm。一般常用的板厚小于 150 mm，受力钢筋间距应为 $70 \sim 200$ mm。

分布钢筋的作用：将板上的荷载更有效地传递到受力钢筋；防止由于温度或混凝土收缩等原因沿跨度方向引起裂缝；固定受力钢筋的正确位置。构造要求：单位宽度上分布钢筋的截面面积不应小于单位宽度上受力钢筋截面面积的 15%，且不宜小于该方向板截面面积的 0.15%。一般不小于 φ6@250，对集中荷载较大的情况，不小于 φ6@200。各配筋平面布置如图 6-3 所示。应注意的是扣紧伸到板内端。

双向板配筋示意图

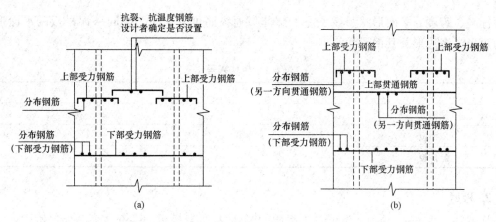

图 6-3 单(双)向配筋示意

(a)非贯通筋配筋；(b)部分贯通式配筋

第二节 有梁楼盖板平法施工图的识读

一、有梁楼盖板平法施工图的表示方法

有梁楼盖板适用于以梁为支座的楼面与屋面板平法施工图设计。

有梁楼盖板的制图规则同样适用于梁板式转换层、剪力墙结构、砌体结构及有梁地下室的楼面与屋面板平法施工图。

板平法平面注写方式是在楼面板和屋面板布置图上，在相同编号的板块中可择其一注写板的厚度及配筋具体数值的方式来表达板平法施工图。板平法平面注写主要包括板块集中标注和板支座原位标注，如图6-4所示。为了方便设计表达和施工识图，规定结构平面的坐标方向如下：

(1)当两向轴网正交布置时，图面从左至右为X向，从下往上为Y向；

(2)当轴网转折时，局部坐标方向顺轴网转折角度做相应转折；

(3)当轴网向心布置时，切向为X向，径向为Y向。

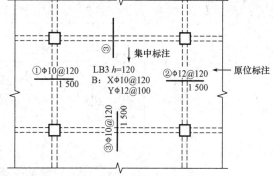

图 6-4 板平法平面注写位置

二、板块集中标注

板块集中标注的内容为板块编号、板厚、贯通钢筋及当板面标高不同时的标高高差。

1. 板块编号

板块编号应符合表6-1的规定。同一编号板块的类型、板厚和贯通纵筋均应相同，但板面标高、跨度、平面形状及板支座上部非贯通纵筋可以不同，如同一编号板的平面形状可为矩形、多边形及其他形状等。

表 6-1　板块编号

板类型	代号	序号
楼面板	LB	××
屋面板	WB	××
悬挑板	XB	××

2. 板厚

板厚注写为 $h=×××$（为垂直于板面的厚度）；当悬挑板的端部改变截面厚度时，用斜线分隔根部与端部的高度值，注写为 $h=×××/×××$；当设计已在图中统一注明板厚时，此项可不注。

如注写为"$h=120$"，则表示该跨板的厚度为 120 mm。如注写为"$h=120/80$"，则表示该悬挑板的根部高度为 120 mm，端部高度为 80 mm。

3. 贯通钢筋

贯通钢筋按板块的下部和上部分别注写（当板块上部不设贯通钢筋时则不注），并以 B 代表下部，以 T 代表上部，B&T 代表上部和下部；X 向贯通纵筋以 X 打头，Y 向贯通纵筋以 Y 打头，两向贯通纵筋配置相同时则以 X&Y 打头。

当为单向板时，另一向贯通的分布筋可不必注写，而在图中统一注明。

4. 板面标高高差

板面标高高差是指相对于结构层楼面标高的高差，应将其注写在括号内，无高差不注。

[例 6-1]　写出图 6-5 所示的各配筋含义。

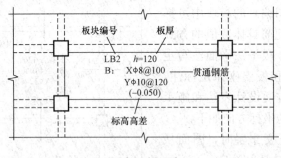

图 6-5　板示意

【解】　各配筋含义见表 6-2。

表 6-2　配筋含义

LB2	2 号楼面板
$h=120$	板厚 120 mm
B：Xϕ8@100 Yϕ10@120	板下部配置的贯通纵筋 X 向为 ϕ8@100，Y 向为 ϕ10@120；板上部未配置贯通纵筋

三、板支座原位标注

(1)内容：板支座上部非贯通钢筋和悬挑板上部受力钢筋。

(2)表示方法：垂直于板支座(梁或墙)绘制一段适宜长度的中粗实线，以该线段表示支座上部非贯通纵筋，并在线段上方注写钢筋编号(如①、②等)、配筋值、延伸长度。

(3)上部非贯通筋自支座中线向跨内的延伸长度，注写在线段的下方位置。

1)当中间支座上部非贯通纵筋向支座两侧对称延伸时，可仅在支座一侧线段下方标注延伸长度，另一侧不注，如图6-6所示。

2)当向支座两侧非对称延伸时，应分别在支座两侧线段下方注写延伸长度，如图6-7所示。

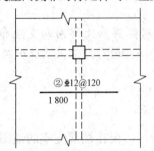

图6-6　板支座上部非贯通筋对称延伸

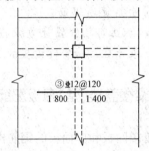

图6-7　板支座上部非贯通筋非对称延伸

3)对线段画至对边贯通全跨或贯通全悬挑长度的上部通长纵筋，贯通全跨或延伸至全悬挑一侧的长度值不注，只注明非贯通筋另一侧的延伸长度，如图6-8所示。

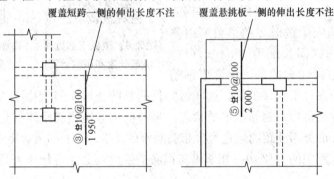

图6-8　板支座非贯通筋贯通全跨或伸出至悬挑端

4)悬挑板的注写方式如图6-9所示。

5)在板平法布置图中，不同部位的板支座上部非贯通纵筋及悬挑板上部受力钢筋，可仅在一个部位注写，对其他相同者则仅需在代表钢筋的线段上注写编号及横向连续布置的跨数(当为一跨时可不注)即可。

[例6-2]　在板平面布置图某部位，横向支承梁绘制的对称线段上注有②φ12@100(2)和1 800，则表示支座上部②号非贯通纵筋为φ12@100，从该跨起沿支承梁连续布置2跨，该纵筋自支座中心向两跨内的延伸长度均为1 800 mm。

(4)当板的上部已配置有贯通纵筋，但需增配板支座上部非贯通纵筋时，应结合已配置的同向贯通纵筋的直径与间距采取"隔一布一"方式配置。

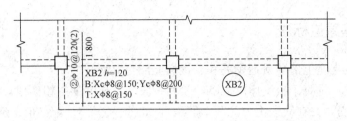

图 6-9 悬挑板支座非贯通筋

[例 6-3] 板上部已配置贯通纵筋 Φ12@250，该跨同向配置的上部支座非贯通纵筋为⑤Φ12@250，表示在该支座上部设置的纵筋实际为 Φ12@125，其中 1/2 为贯通纵筋，1/2 为⑤号非贯通纵筋。

[例 6-4] 板上部已配置贯通纵筋 Φ10@250，该跨配置的上部同向支座非贯通纵筋为③Φ12@250，表示在该跨实际设置的上部纵筋为(1Φ10＋1Φ12)/250，实际间距为 125 mm。

四、有梁楼盖楼(屋)面板配筋构造

有梁楼盖楼面板和屋面板的钢筋构造如图 6-10 所示，板在端部支座的锚固构造如图 6-11 所示。

有梁楼盖楼面板和屋面板的钢筋构造中，第一根板底筋距离支座边为 1/2 板筋间距，伸入支座的锚固长度为 $\geq 5d$(d 为板底筋直径)且至少过梁中线。上部非贯通负弯矩钢筋(俗称扣筋)一端锚入梁内时，在梁角筋内侧弯折，其伸入梁内锚固长度为 $15d + 0.6l_{ab}$；一端伸到板内，值得注意的是，负弯矩钢筋

微课 8：楼板下部贯通纵筋长度和根数计算　　微课 9：楼板支座上部非贯通纵筋长度计算

直钩应一直伸至板底且不留保护层，这样做的目的是防止施工过程中工人在梁上行走踩弯负弯矩钢筋，以保证负弯矩钢筋是水平状态。第一根负弯矩钢筋距离柱边为 50 mm，第一根负弯矩钢筋下方的分布筋距离梁边为分布筋间距的 1/2。若上部负弯矩钢筋为贯通纵向钢筋，则搭接位置在跨中的 $l_n/2$ 内，相邻纵向钢筋搭接位置至少错开 $0.3l_l$ 的距离。

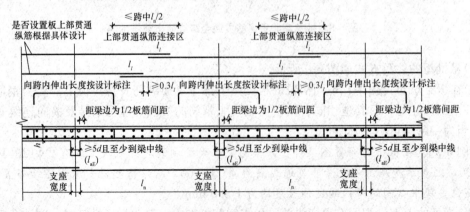

图 6-10 有梁楼盖楼面板 LB 和屋面板 WB 的钢筋构造

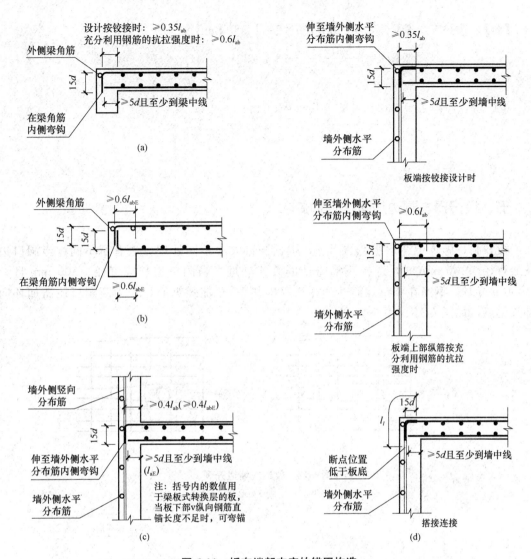

图 6-11　板在端部支座的锚固构造

(a)普通楼屋面板；(b)用于梁板式转换层的楼面板；(c)端部支座为剪力墙中间层；(d)端部支座为剪力墙墙顶

[**例 6-5**] 试计算图 6-12 所示的跨板水平方向、垂直方向负弯矩钢筋根数。

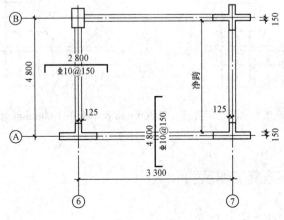

图 6-12　跨板

【解】 ④⑧跨：净跨 $l_n = 4\,800 - 150 \times 2 = 4\,500\,(\text{mm})$

$$根数\ n = \frac{4\,500 - 75 \times 2}{150} + 1 = 30$$

取 30 根。

⑥⑦跨：净跨 $l_n = 3\,300 - 125 \times 2 = 3\,050\,(\text{mm})$

$$根数\ n = \frac{3\,050 - 75 \times 2}{150} + 1 = 20.3$$

取 21 根。

五、板开洞与洞边加强钢筋构造

板开洞是施工中经常遇到的问题，根据洞口大小不同处理方法有所不同。当洞口边长或直径≤300 mm 时，选择钢筋避让的方式处理。当洞口边长或直径＞300 mm 且≤1 000 mm 时，钢筋在洞口处需断开并加双排共 16 根加强纵筋，若为圆洞口还需加环向补强钢筋，如图 6-13、图 6-14 所示。

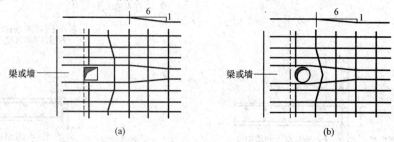

图 6-13　梁边或墙边开洞

(a)矩形洞口≤300 mm；(b)圆形洞口直径≤300 mm

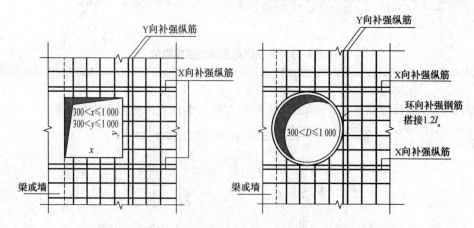

图 6-14　矩形洞边长和圆形洞直径大于 300 mm 但不大于 1 000 mm 时补强钢筋构造

六、有梁楼盖平法施工图示例

有梁楼盖平法施工图如图 6-15 所示。

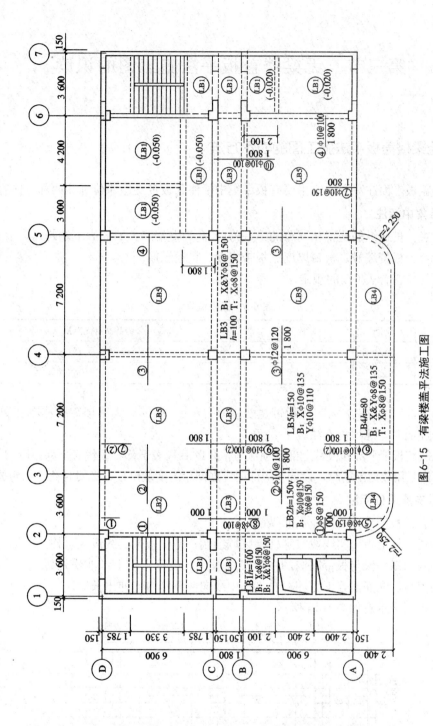

图6-15 有梁楼盖平法施工图

第三节　无梁楼盖板平法施工图的识读

一、无梁楼盖板平法施工图的表示方法

无梁楼盖板平面注写方式，主要有板带集中标注和板带支座原位标注两部分内容。

1. 板带集中标注

注写位置：贯通纵筋配置相同跨的第一跨（X 向为左端跨，Y 向为下端跨）。

注写内容：板带编号、板带厚度、板带宽度、贯通纵筋。

板带编号应符合表 6-3 的规定。

表 6-3　板带编号

板带类型	代号	序号	跨数及有无悬挑
柱上板带	ZSB	××	(××)或(××A)或(××B)
跨中板带	KZB	××	(××)或(××A)或(××B)

板带厚度注写为 $h=\times\times\times$，板带宽度注写为 $b=\times\times\times$。无梁楼盖整体厚度和板带宽度已在图中注明时，此项可不注。

贯通纵筋按板带下部和板带上部分别注写，并以 B 代表下部，T 代表上部，B&T 代表下部和上部。当采用放射配筋时，设计者应注明配筋间距的度量位置，必要时补绘配筋平面图。

2. 板带支座原位标注

标注内容：板带支座上部非贯通纵筋。

标注位置：柱上板带实线段贯穿柱上区域绘制；跨中板带实线段横贯柱网绘制。

标注形式：以一段与板带同向的中粗实线段代表板带支座上部非贯通纵筋。在线段上方注写钢筋编号、配筋值，下方注写自支座中线向两侧跨内的伸出长度。

无梁楼盖板带示意如图 6-16 所示。

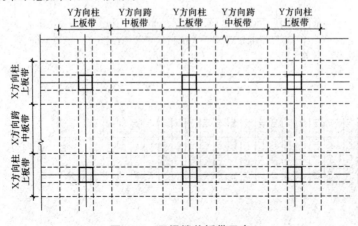

图 6-16　无梁楼盖板带示意

二、无梁楼盖——暗梁

暗梁平面注写方式包括暗梁集中标注和暗梁支座原位标注两部分。

表示方法：在柱轴线处画中粗虚线表示暗梁。

集中标注内容：暗梁编号、暗梁截面尺寸(箍筋外皮宽度×板厚)、暗梁箍筋、暗梁上部通长筋或架立筋。

三、楼板相关构造

楼板相关构造的平法施工图设计，是在板平法施工图上采用直接引注方式表达，见表 6-4。

表 6-4　楼板相关构造类型与编号

构造类型	代号	序号	说明
纵筋加强带	JQD	××	以单向板加强纵筋取代原位置配筋
后浇带	HJD	××	有不同的留筋方式
柱帽	ZMx	××	适用于无梁楼盖
局部升降板	SJB	××	板厚及配筋与所在板相同；构造升降高度≤300
板加腋	JY	××	腋高与腋宽可选注
板开洞	BD	××	最大边长或直径<1 m；加强筋长度有全跨贯通和自洞边锚固两种
板翻边	FB	××	翻边高度≤300
角部加强筋	Crs	××	以上部双向非贯通加强钢筋取代原位置的非贯通配筋
悬挑板阴角附加筋	Cis	××	板悬挑阴角上部斜向附加钢筋
悬挑板阳角放射筋	Ces	××	悬挑板阳角上部放射筋
抗冲切箍筋	Rh	××	通常用于无柱帽无梁楼盖的柱顶
抗冲切弯起筋	Rb	××	通常用于无柱帽无梁楼盖的柱顶

纵筋加强带 JQD 引注图示如图 6-17 所示；倾角纵筋加强带 JQD 引注图示(暗梁形式)如图 6-18 所示；倾角托板柱帽 ZMab 引注图示如图 6-19 所示。

后浇带编号及留筋方式：贯通和100%搭接。后浇带混凝土的强度等级为 C××，宜采用不长收缩混凝土，设计者应注明相关施工要求。当后浇带区域留筋方式或后浇混凝土强度等级不一致时，设计者应在图中注明与图示不一致的部位及做法。

后浇带 HJD 引注图示如图 6-20 所示。贯通钢筋的后浇带宽度通常取大于或等于 800 mm；100%搭接钢筋的后浇带宽度通常取 800 mm 与(l_l+60 mm 或 l_{lE}+60 mm)的较大值(l_l、l_{lE} 为受拉钢筋的搭接长度、受拉钢筋抗震搭接长度)。

局部升降板 SJB，引注内容包括局部升降板的板厚、壁厚、配筋，升降高度限定在 300 mm 以内，如图 6-21 所示。

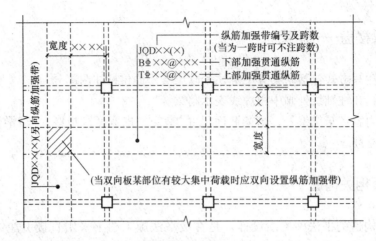

图 6-17　倾角纵筋加强带 JQD 引注图示

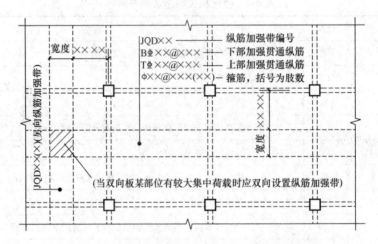

图 6-18　倾角纵筋加强带 JQD 引注图示(暗梁形式)

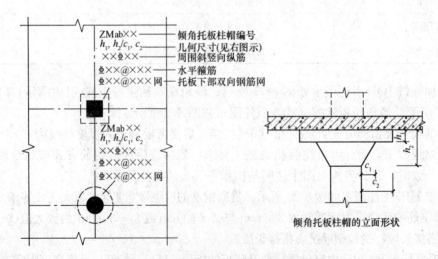

图 6-19　倾角托板柱帽 ZMab 引注图示

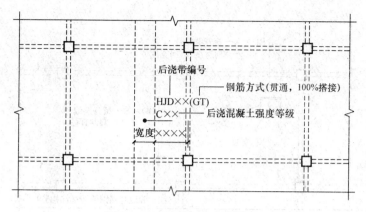

图 6-20 后浇带 HJD 引注图示

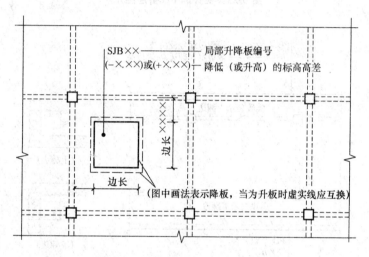

图 6-21 局部升降板 SJB 引注图示

板加腋——JY，板底加腋——虚线，板面加腋——实线。引注内容：腋高、腋宽、配筋。腋高与腋宽同板厚时，设计不注，如图 6-22 所示。

板开洞 BD 引注图示如图 6-23 所示；板翻边 FB 引注图示如图 6-24 所示。

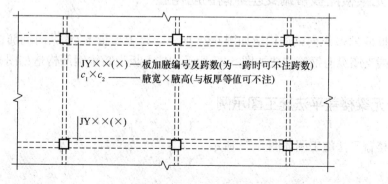

图 6-22 板加腋 JY 引注图示

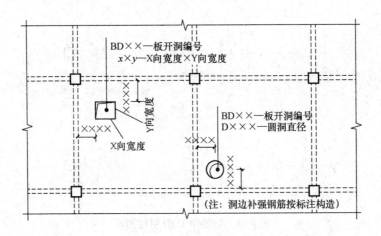

图 6-23　板开洞 BD 引注图示

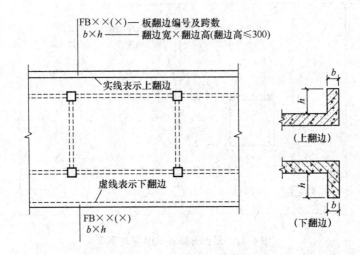

图 6-24　板翻边 FB 引注图示

四、无梁楼盖板带端支座纵向钢筋构造

柱上板带 ZSB 纵向钢筋构造如图 6-25 所示，跨中板带 KZB 纵向钢筋构造如图 6-26 所示，板带端支座纵向钢筋构造如图 6-27 所示，柱上板带暗梁钢筋构造如图 6-28 所示。

五、无梁楼盖平法施工图示例

无梁楼盖平法施工图如图 6-29 所示。

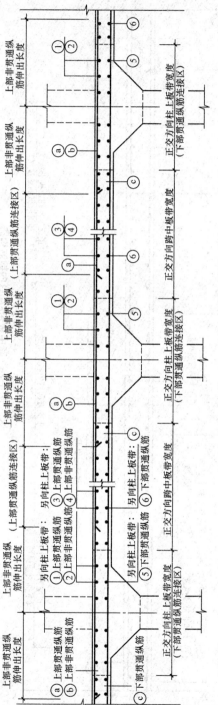

图6-25 柱上板带ZSB纵向钢筋构造

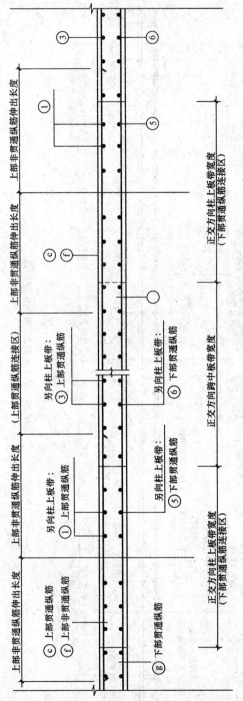

图 6-26 跨中板带 KZB 纵向钢筋构造

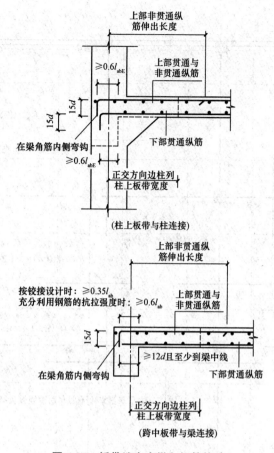

（柱上板带与柱连接）

（跨中板带与梁连接）

图 6-27　板带端支座纵向钢筋构造

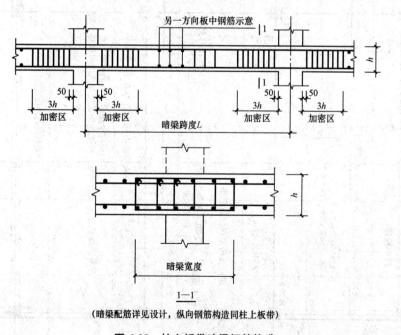

（暗梁配筋详见设计，纵向钢筋构造同柱上板带）

图 6-28　柱上板带暗梁钢筋构造

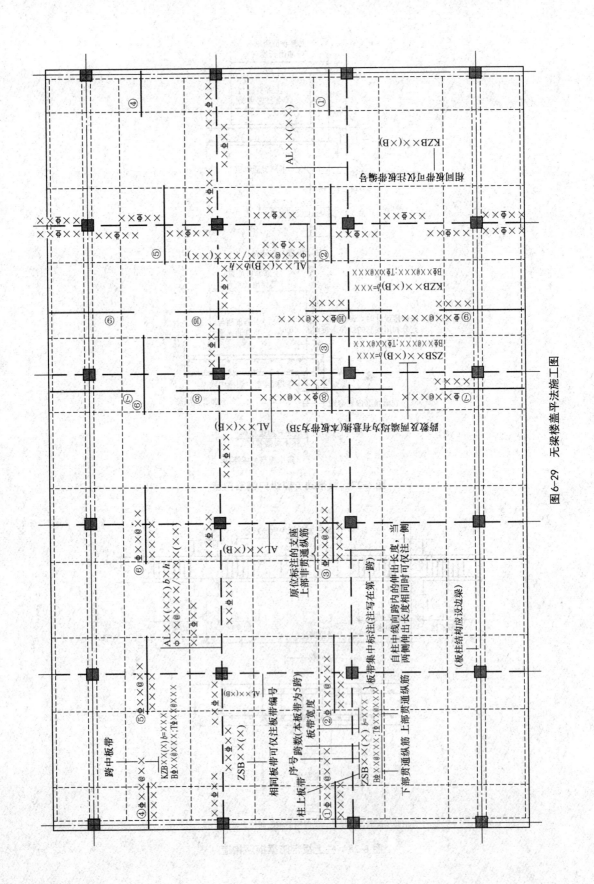

图6-29 无梁楼盖平法施工图

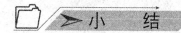

小　结

本章介绍了有梁楼盖板和无梁楼盖板的识读方法，主要有板的配筋、标注方式及板筋构造处理。本章以实例具体说明了常见现浇混凝土楼板在施工图中的表现形式。图示内容还是以结施"平法"表示方式来表达的。学习时，先看图纸想想其中内容，再与解析做比较，从而达到完全看懂楼板施工图的目的。

复习思考题

1. 单向板中受力钢筋和分布钢筋的位置关系如何？双向板中两个方向的受力钢筋应如何布置？

2. 楼板需要开孔洞时，板中钢筋应如何处理？

3. 连续板中受力钢筋的直径和间距满足哪些要求？

4. 板支座处的负钢筋在施工图中应标注的信息有哪些？

5. 试说明图 6-30 所示的各配筋含义。

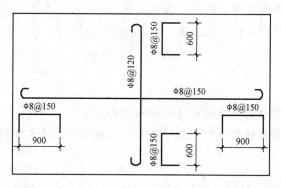

图 6-30　某板配筋图

第七章　剪力墙平法施工图识读

内容提要

剪力墙又称为抗风墙或抗震墙、结构墙，是房屋或构筑物中主要承受风荷载或地震作用引起的水平荷载和竖向荷载(重力)的墙体。本章内容主要包括剪力墙平法施工图制图规则；对剪力墙身钢筋构造、剪力墙边缘构件钢筋构造、剪力墙梁钢筋构造等知识也做了适当的介绍。

知识目标

1. 理解剪力墙构件的组成。
2. 熟悉剪力墙构件钢筋识图的基本知识。
3. 掌握剪力墙构件钢筋识图的方法。

能力目标

1. 能够使学生具有分析剪力墙构件组成的能力。
2. 能够使学生具有识读剪力墙各构件的钢筋形状和确定其尺寸的能力。

第一节　剪力墙平法施工图制图规则

一、剪力墙构件的组成

剪力墙结构构件包括剪力墙身、剪力墙柱和剪力墙梁三类构件。

(1)剪力墙身。剪力墙身编号由墙身代号、序号及墙身所配置的水平与竖向分布钢筋的排数组成。其中排数注写在括号内，表达形式为 Q××(×排)。

(2)剪力墙柱。剪力墙柱编号由墙柱类型、代号和序号组成(表 7-1)。

表 7-1　剪力墙柱编号

墙梁类型	代号	序号
约束边缘构件	YBZ	××
构造边缘构件	GBZ	××
非边缘暗柱	AZ	××

墙梁类型	代号	序号
扶壁柱	FBZ	××

1)约束边缘构件包括约束边缘暗柱、约束边缘端柱和约束边缘翼墙(柱)和约束边缘转角墙(柱)四种,如图 7-1 所示。

2)构造边缘构件包括构造边缘暗柱、构造边缘端柱和构造边缘翼墙(柱)和构造边缘转角墙(柱)四种,如图 7-2 所示。

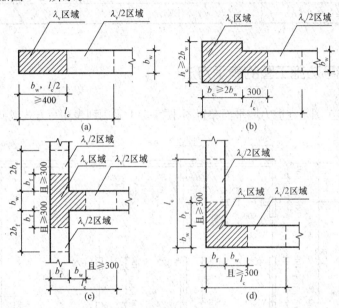

图 7-1 约束边缘构件

(a)约束边缘暗柱;(b)约束边缘端柱;(c)约束边缘翼墙;(d)约束边缘转角墙

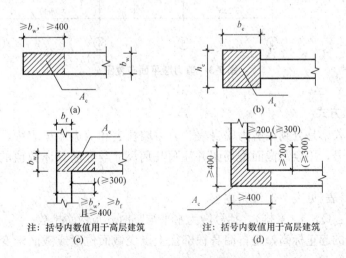

图 7-2 构造边缘构件

(a)构造边缘暗柱;(b)构造边缘端柱;(c)构造边缘翼墙;(d)构造边缘转角墙

(3)剪力墙梁。剪力墙梁编号由墙梁类型、代号和序号组成(见表 7-2)。

表 7-2　剪力墙梁编号

墙梁类型	代号	序号
连梁	LL	××
连梁(对角暗撑配筋)	LL(JC)	××
连梁(交叉斜筋配筋)	LL(JX)	××
连梁(集中对角斜筋配筋)	LL(DX)	××
连梁(跨高比不小于5)	LLk	××
暗梁	AL	××
连框梁	BKL	××

二、剪力墙平法施工图的表示方法

剪力墙平法施工图是在剪力墙平面布置图(图7-3)上采用列表注写方式或截面注写方式表达。

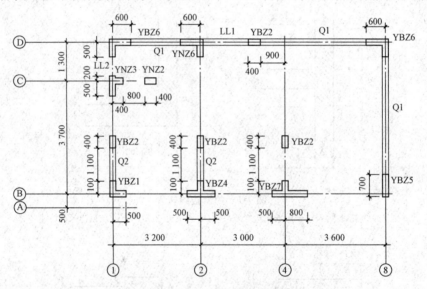

图 7-3　剪力墙平面布置图

1. 列表注写方式

列表注写方式，是分别在剪力墙身表、剪力墙柱表和剪力墙梁表中，对应于剪力墙平面布置图上的编号，用绘制截面配筋图并注写几何尺寸与配筋具体数值的方式，来表达剪力墙平法施工图。

(1)剪力墙身表(见表7-3)注写内容。

1)墙身编号：Q××(×排)，括号内为水平与竖向分布钢筋排数。

2)各段墙身的起止标高，是自墙身根部往上以变截面位置或截面未变但配筋改变处为界分段注写。

3)墙体厚度。

4)墙体水平分布钢筋、竖向分布钢筋及拉结筋的具体数值，其中包括钢筋的级别、直径、间距。

表 7-3　剪力墙身表

编号	标高/m	墙厚/mm	水平分布钢筋	竖向分布钢筋	拉结筋
Q1	55.100～59.300	200	⊕8@200	⊕8@200	⊕6@600@600
Q2	55.100～59.750	250	⊕8@150	⊕8@150	⊕6@600@600

(2)剪力墙柱表(见表 7-4)注写内容。

1)墙柱编号、墙柱的截面配筋图、墙柱的几何尺寸。

2)各段墙柱的起止标高,是自墙柱根部往上以变截面位置或截面未变但配筋改变处为界分段注写。

3)各段墙柱的纵向钢筋和箍筋的具体数值。

表 7-4　剪力墙柱表

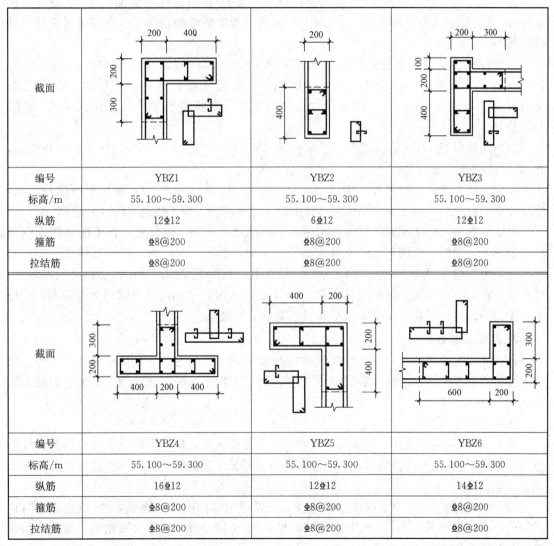

编号	YBZ1	YBZ2	YBZ3
标高/m	55.100～59.300	55.100～59.300	55.100～59.300
纵筋	12⊕12	6⊕12	12⊕12
箍筋	⊕8@200	⊕8@200	⊕8@200
拉结筋	⊕8@200	⊕8@200	⊕8@200

编号	YBZ4	YBZ5	YBZ6
标高/m	55.100～59.300	55.100～59.300	55.100～59.300
纵筋	16⊕12	12⊕12	14⊕12
箍筋	⊕8@200	⊕8@200	⊕8@200
拉结筋	⊕8@200	⊕8@200	⊕8@200

(3)剪力墙梁表(见表 7-5)注写内容。

1)墙梁编号。

表 7-5　剪力墙梁表

编号	所在楼层号	梁顶相对标高高差/m	梁截面 b×h/(mm×mm)	上部纵筋	下部纵筋	箍筋
LL1	1～3	0.500	200×1 500	3Φ22	3Φ22	Φ10@150(2)
	4～屋面	0.500	200×1 800	4Φ22	4Φ22	Φ10@150(2)
LL2	1～3	−0.900	200×1 500	3Φ20	3Φ20	Φ10@150(2)
	4～屋面	−0.900	200×1 800	4Φ22	4Φ22	Φ10@150(2)

2)墙梁所在楼层号。

3)墙梁顶面标高高差。墙梁顶面标高高差是指相对于墙梁所在结构层楼面标高的高差值。

4)墙梁截面尺寸 $b×h$、上部纵筋、下部纵筋和箍筋的具体数值。

5)当连梁设有对角暗撑时[代号为 LL(JC)××]，注写暗撑的截面尺寸(箍筋外皮尺寸)；注写一根暗撑的全部纵筋，并标注×2表明有两根暗撑相互交叉；注写暗撑箍筋的具体数值。

6)当连梁设有交叉斜筋时[代号为 LL(JX)××]，注写连梁一侧对角斜筋的配筋值，并标注×2表明对称设置；注写对角斜筋在连梁端部设置的拉筋根数、强度级别及直径，并标注×4表示四个角都设置；注写连梁一侧折线筋配筋值，并标注×2表明对称设置。

7)当连梁设有集中对角斜筋时[代号为 LL(DX)××]，注写一条对角线上的对角斜筋，并标注×2表明对称设置。

8)跨高比不小于 5 的连梁，按框架梁设计时(代号为 LLk××)，采用平面注写方式，注写规则同框架梁，可采用适当比例单独绘制，也可与剪力墙平法施工图合并绘制。

9)墙梁侧面纵筋的配置，当墙身水平分布钢筋满足连梁、暗梁及边框梁的梁侧面纵向构造钢筋的要求时，该筋配置同墙身水平分布钢筋，表中不注，施工按标准构造详图的要求即可。当墙身水平分布钢筋不满足连梁、暗梁及边框梁的梁侧面纵向构造钢筋的要求时，应在表中补充注明梁侧面纵筋的具体数值；当为 LLk 时，平面注写方式以大写字母"N"打头。梁侧面纵向钢筋在支座内锚固要求同连梁中受力钢筋。

2. 截面注写方式

截面注写方式是指在分标准层绘制的剪力墙平面布置图上，以直接在墙柱、墙身、墙梁上注写截面尺寸和配筋具体数值的方式来表达剪力墙平法施工图。图 7-4 所示为剪力墙截面注写法。

截面注写方式按以下规定进行：

(1)从相同编号的墙柱中选择一个截面，注明几何尺寸，标注全部纵筋及箍筋的具体数值(其箍筋表达方式同柱的箍筋，对于墙柱纵筋搭接长度范围内的箍筋间距要求也与柱中的相关要求相同)。

(2)从相同编号的墙身中选择一道墙身，按顺序引注的内容：墙身编号(应包括注写在括号内墙身所配置的水平与竖向分布钢筋的排数)、墙厚尺寸、水平分布钢筋、竖向分布钢筋和拉筋的具体数值。

(3)从相同编号的墙梁中选择一根墙梁，按顺序引注的内容如下：

1)注写墙梁编号、墙梁截面尺寸 $b×h$、墙梁箍筋、上部纵筋、下部纵筋和墙梁顶面标

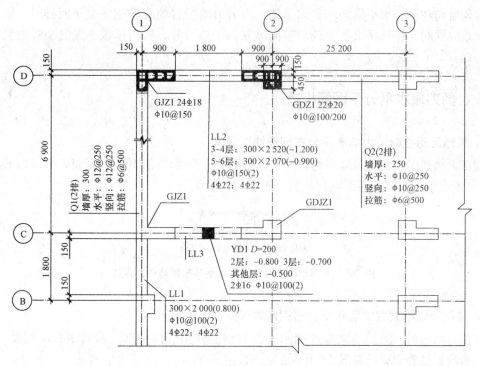

图 7-4 剪力墙截面注写法

高高差的具体数值。

2)当连梁设有对角暗撑时[代号为 LL(JC)××]，注写暗撑的截面尺寸（箍筋外皮尺寸）；注写一根暗撑的全部纵筋，并标注×2 表明有两根暗撑相互交叉；注写暗撑箍筋的具体数值。

3)当连梁设有交叉斜筋时[代号为 LL(JX)××]，注写连梁一侧对角斜筋的配筋值，并标注×2 表明对称设置；注写对角斜筋在连梁端部设置的拉筋根数、强度级别及直径，并标注×4 表示四个角都设置；注写连梁一侧折线筋配筋值，并标注×2 表明对称设置。

4)当连梁设有集中对角斜筋时[代号为 LL(DX)××]，注写一条对角线上的对角斜筋，并标注×2 表明对称设置。

5)跨高比不小于 5 的连梁，按框架梁设计时(代号为 LLk××)，采用平面注写方式，注写规则同框架梁，可采用适当比例单独绘制，也可与剪力墙平法施工图合并绘制。

6)当墙身水平分布钢筋不能满足连梁、暗梁及边框梁的梁侧面纵向构造钢筋的要求时，应补充注明梁侧面纵筋的具体数值；注写时，以大写字母 N 打头，接续注写直径与间距。其在支座内的锚固要求同连梁中受力钢筋。

第二节 剪力墙钢筋构造

剪力墙钢筋包括水平分布钢筋、竖向分布钢筋和拉筋。墙身所设置的水平与竖向分布**钢筋**的排数一般为两排，且各排水平与竖向分布钢筋的直径和间距宜保持一致，剪力墙拉筋两端同时勾住外排水平纵筋和竖向纵筋，当剪力墙配置的分布钢筋多于两排时，剪力墙拉筋两端应同时勾住外排水平纵筋和竖向纵筋，还应与剪力墙内排水平纵筋和竖向纵筋绑扎在一起。

一、剪力墙水平分布钢筋构造

1. 端部无暗柱时剪力墙水平分布钢筋端部做法

端部无暗柱时，剪力墙墙身两侧水平分布钢筋伸至墙体端部做 90°弯折，弯折段长度为 10d，每道水平分布钢筋均设双列拉筋，如图 7-5 所示。

每道水平分布钢筋均设双列拉筋

图 7-5 端部无暗柱时剪力墙水平分布钢筋端部做法

2. 端部有暗柱时剪力墙水平分布钢筋端部做法

端部有暗柱时，剪力墙墙身两侧水平分布钢筋伸至墙体端部，紧贴角筋内侧做 90°弯折，弯折段长度为 10d，如图 7-6 所示。

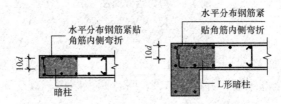

图 7-6 端部有暗柱时剪力墙水平分布钢筋端部做法

3. 剪力墙水平分布钢筋在斜交暗柱转角墙中的做法

在斜交暗柱转角墙中，剪力墙内侧水平分布钢筋伸至墙外侧纵筋内侧弯折，弯折段与墙外侧水平分布钢筋平行，弯折段长度为 15d，如图 7-7 所示。

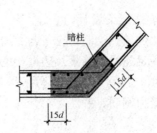

图 7-7 剪力墙水平分布钢筋在斜交暗柱转角墙中的做法

4. 剪力墙水平分布钢筋在暗柱转角墙中的做法

（1）剪力墙上下相邻两排水平分布钢筋在转角配筋量较小一侧交错搭接。

剪力墙墙身外侧水平分布钢筋从转角墙暗柱纵筋外侧连续通过转弯，绕到转角墙暗柱的另一侧，与另一侧的水平分布钢筋搭接，搭接长度不小于 1.2l_{aE}，上下相邻两排水平分布钢筋在转角的一侧交错搭接，相互错开距离≥500 mm，连接区域设在暗柱范围外，如图7-8(a)所示。

剪力墙墙身内侧水平分布钢筋伸至转角墙暗柱外侧纵筋内侧弯折，弯折段与墙外侧水平分布钢筋平行，弯折段长度为15d。

(2)剪力墙上下相邻两排水平分布钢筋在转角两侧交错搭接。

剪力墙墙身外侧水平分布钢筋从转角墙暗柱纵筋外侧连续通过转弯，绕到转角墙暗柱的另一侧，与另一侧的水平分布钢筋搭接，搭接长度不小于$1.2l_{aE}$，上下相邻两排水平分布钢筋在转角的两侧交错搭接，连接区域设在暗柱范围外，如图7-8(b)所示。

剪力墙墙身内侧水平分布钢筋伸至转角墙暗柱外侧纵筋内侧弯折，弯折段与墙外侧水平分布钢筋平行，弯折段长度为15d。

(3)剪力墙墙身外侧水平分布钢筋在转角处搭接。

剪力墙墙身外侧水平分布钢筋从转角墙暗柱纵筋外侧连续通过转弯，绕到转角墙暗柱的另一侧，与另一侧的水平分布钢筋在转角墙暗柱处搭接，弯折段长度为$0.8l_{aE}$，如图7-8(c)所示。

剪力墙墙身内侧水平分布钢筋伸至转角墙暗柱外侧纵筋内侧弯折，弯折段与墙外侧水平分布钢筋平行，弯折段长度为15d。

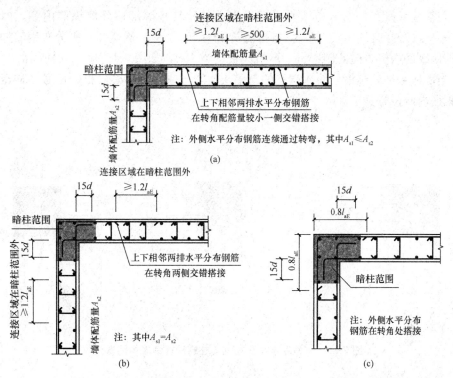

图7-8 剪力墙水平分布钢筋在暗柱转角墙中的做法

5. 剪力墙水平分布钢筋在翼墙暗柱中的做法

在翼墙暗柱中，剪力墙身水平分布钢筋伸至转角墙暗柱外侧纵筋内侧弯折，弯折段与墙外侧水平分布钢筋平行，弯折段长度为15d，如图7-9所示。

6. 剪力墙水平分布钢筋在端柱端部墙中的做法

如图 7-10 所示，剪力墙水平分布钢筋伸至端柱对边竖向钢筋内侧位置，向两侧或一侧弯折，弯折段长度为 $15d$，且在端柱范围内弯折前的长度 $\geqslant 0.6l_{aE}$。当墙体水平分布钢筋伸入端柱的直锚长度 $\geqslant l_{aE}$ 时，可不必弯折，但必须伸至端柱对边竖向钢筋内侧位置。

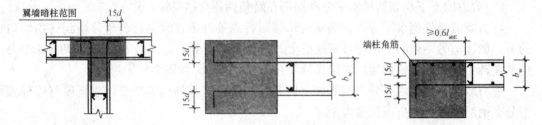

图 7-9　剪力墙水平分布钢筋　　　　　　图 7-10　剪力墙水平分布钢筋在端
在翼墙暗柱中的做法　　　　　　　　　　　　柱端部墙中的做法

7. 剪力墙水平分布钢筋在端柱转角墙中的做法

(1)剪力墙水平分布钢筋伸至转角墙端柱外侧纵筋内侧，向一侧弯折，且深入端柱内的长度 $\geqslant 0.6l_{abE}$，弯折段长度为 $15d$，如图 7-11(a)所示。

(2)与端柱外侧齐平的剪力墙水平分布钢筋伸至转角墙端柱外侧纵筋内侧，向一侧弯折，且深入端柱内的长度 $\geqslant 0.6l_{abE}$，弯折段长度为 $15d$，另一侧墙体水平分布钢筋伸至转角墙端柱外侧纵筋内侧，向两侧弯折，弯折段长度为 $15d$，如图 7-11(b)、(c)所示。

(3)当墙体水平分布钢筋伸入端柱的直锚长度 $\geqslant l_{aE}$ 时，可不必弯折，但必须伸至端柱对边竖向钢筋内侧位置。

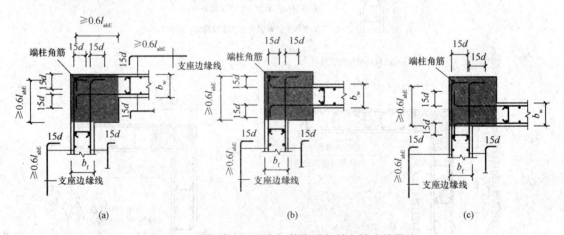

图 7-11　剪力墙水平分布钢筋在端柱转角墙中的做法

8. 剪力墙水平分布钢筋在翼墙端柱中的做法

(1)剪力墙水平分布钢筋伸至翼墙端柱外侧纵筋内侧，向两侧弯折，弯折段长度为 $15d$，如图 7-12(a)、(b)所示。

(2)剪力墙水平分布钢筋伸至翼墙端柱外侧纵筋内侧，向一侧弯折，弯折段长度为 $15d$，如图 7-12(c)所示。

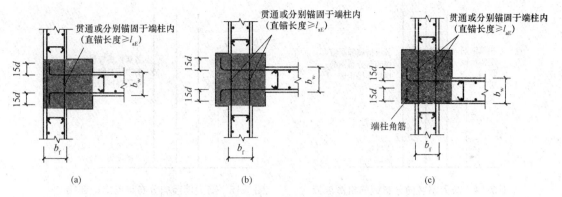

图 7-12　剪力墙水平分布钢筋在翼墙端柱中的做法

二、剪力墙竖向分布钢筋构造

1. 剪力墙竖向分布钢筋连接构造

(1)剪力墙竖向分布钢筋搭接连接(图 7-13)。

1)一、二级抗震等级剪力墙底部加强部位竖向分布钢筋可采用绑扎搭接,搭接接头位于基础或楼板顶面以上,搭接长度$\geqslant 1.2l_{aE}$,相邻两根竖向分布钢筋搭接接头要相互错开,错开的净距$\geqslant 500$ mm,如图 7-13(a)所示。

2)一、二级抗震等级剪力墙非底部加强部位或三、四级抗震等级或非抗震剪力墙竖向分布钢筋可在同一部位搭接,搭接接头位于基础或楼板顶面以上,搭接长度$\geqslant 1.2l_{aE}$,如图 7-13(b)所示。

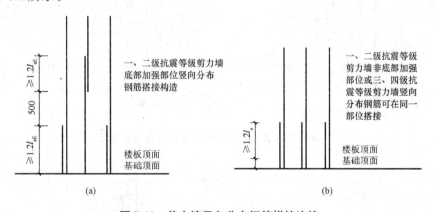

图 7-13　剪力墙竖向分布钢筋搭接连接

(2)剪力墙竖向分布钢筋机械连接。各级抗震等级或非抗震剪力墙竖向分布钢筋的机械连接,第一个连接接头位于基础或楼板顶面以上$\geqslant 500$ mm 处,相邻两根竖向分布钢筋连接接头要交错布置,错开的距离为 $35d$,如图 7-14 所示。

(3)剪力墙竖向分布钢筋焊缝连接。各级抗震等级或非抗震剪力墙竖向分布钢筋的机械连接,第一个连接接头位于基础或楼板顶面以上$\geqslant 500$ mm 处,相邻两根竖向分布钢筋连接接头要交错布置,错开的距离为 $35d$,且$\geqslant 500$ mm,如图 7-15 所示。

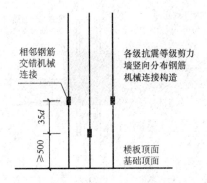

图 7-14 剪力墙竖向分布钢筋机械连接

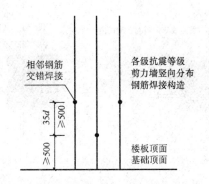

图 7-15 剪力墙竖向分布钢筋焊缝连接

2. 剪力墙变截面处竖向分布钢筋构造

(1)剪力墙边墙变截面处竖向分布钢筋构造。上下层墙体平齐一侧，下层剪力墙竖向分布钢筋直接通到上一楼层墙体中。上下层墙体未平齐一侧，下层剪力墙竖向分布钢筋伸到楼板顶部以下向对边弯折，弯折段长度≥12d，上层剪力墙竖向分布钢筋深入下层楼层，伸入长度为 1.2l_{aE}。图 7-16 所示为剪力墙边墙变截面处竖向分布钢筋构造。

(2)剪力墙中墙变截面处竖向分布钢筋构造(图 7-17)。

1)下层剪力墙竖向分布钢筋不切断，而以斜率≤1/6 的方式伸入上一楼层，如图 7-17(a)所示。

2)下层剪力墙竖向分布钢筋伸到楼板顶部以下向对边弯折，弯折段长度≥12d，上层剪力墙竖向分布钢筋深入下层楼层，伸入长度为 1.2l_{aE}，如图 7-17(b)所示。

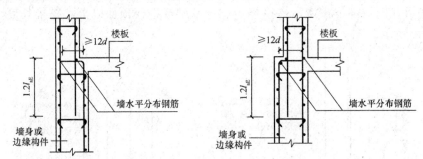

图 7-16 剪力墙边墙变截面处竖向分布钢筋构造

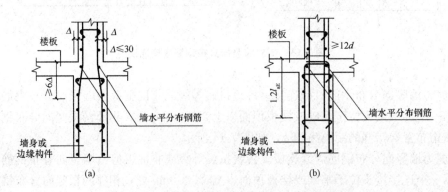

(a)　　　　　　　　　　　(b)

图 7-17 剪力墙中墙变截面处竖向分布钢筋构造

3. 剪力墙竖向钢筋顶部构造

剪力墙竖向钢筋伸至屋面板或楼板顶部以下，做 $90°$ 弯折，弯折段长度 $\geqslant 12d$（$\geqslant 15d$），如图 7-18 所示。

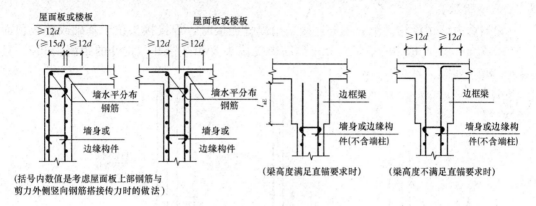

图 7-18　剪力墙竖向钢筋顶部构造

三、剪力墙拉结筋构造

拉结筋的注写内容为拉结筋的级别、直径和间距、布置方式，如 $\Phi 6@400@400$，拉结筋的布置方式有"双向""梅花双向"两种。剪力墙拉结筋布置方式如图 7-19 所示。

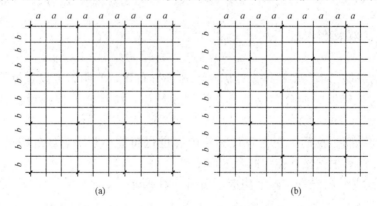

图 7-19　剪力墙拉结筋布置方式

（a）拉结筋@$3a3b$ 矩形（$a\leqslant 200$ mm、$b\leqslant 200$ mm）；（b）拉结筋@$4a4b$ 梅花（$a\leqslant 150$ mm、$b\leqslant 150$ mm）

第三节　剪力墙边缘构件钢筋构造

一、剪力墙边缘构件纵向钢筋连接

（1）当剪力墙边缘构件纵向钢筋连接采用绑扎搭接时，搭接长度为 l_{lE}，相邻两根竖向分布钢筋搭接接头要相互错开，错开的净距为 $0.3l_{lE}$，如图 7-20(a)所示。

(2)当剪力墙边缘构件纵向钢筋连接采用机械连接时，连接接头位于基础或楼板顶面以上≥500 mm 处，相邻两根竖向分布钢筋连接接头要相互错开，错开的距离≥35d，如图 7-20(b)所示。

(3)当剪力墙边缘构件纵向钢筋连接采用焊缝连接时，焊接接头位于基础或楼板顶面以上≥500 mm 处，相邻两根竖向分布钢筋焊接接头要相互错开，错开的距离≥35d，且≥500 mm，如图 7-20(c)所示。

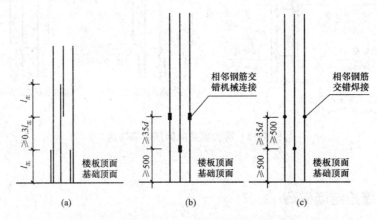

图 7-20 剪力墙边缘构件纵向钢筋连接

(a)绑扎搭接；(b)机械连接；(c)焊缝连接

二、约束边缘构件构造

阴影区内的纵筋、箍筋要根据设计标注内容进行布置，非阴影区设置拉筋，且在 l_c 范围内的非阴影区的每根竖向分布钢筋都要设置拉结筋，拉结筋要根据设计标注内容进行布置。

阴影区内的纵筋、箍筋要根据设计标注内容进行布置；非阴影区外圈设置封闭箍筋。封闭箍筋、拉结筋要根据设计标注内容进行布置。

(1)约束边缘暗柱拉结筋和箍筋构造，如图 7-21 所示。

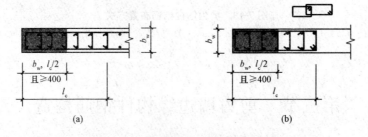

图 7-21 约束边缘暗柱拉结筋和箍筋构造

(a)非阴影区设置拉筋；(b)非阴影区外圈设置封闭箍筋

(2)约束边缘端柱拉结筋和箍筋构造，如图 7-22 所示。

(3)约束边缘翼墙拉结筋和箍筋构造，如图 7-23 所示。

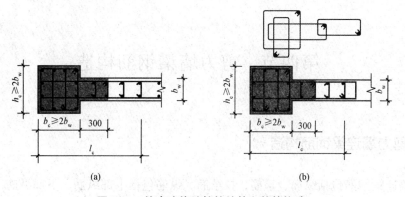

图 7-22 约束边缘端柱拉结筋和箍筋构造

(a)非阴影区设置拉筋；(b)非阴影区外圈设置封闭箍筋

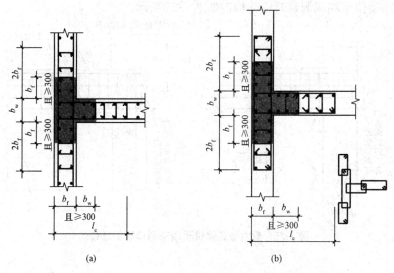

图 7-23 约束边缘翼墙拉结筋和箍筋构造

(a)非阴影区设置拉筋；(b)非阴影区外圈设置封闭箍筋

(4)约束边缘转角墙拉结筋和箍筋构造，如图 7-24 所示。

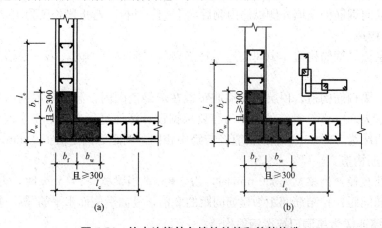

图 7-24 约束边缘转角墙拉结筋和箍筋构造

(a)非阴影区设置拉筋；(b)非阴影区外圈设置封闭箍筋

第四节 剪力墙梁钢筋构造

一、剪力墙连梁钢筋构造

剪力墙连梁钢筋包括纵筋、箍筋、拉结筋。纵筋包括上部纵筋、下部纵筋、侧面纵筋。侧面纵筋要根据具体设计进行布置。

1. 剪力墙连梁为端部洞口连梁钢筋构造

剪力墙连梁位于端部洞口时钢筋构造如图 7-25 所示。

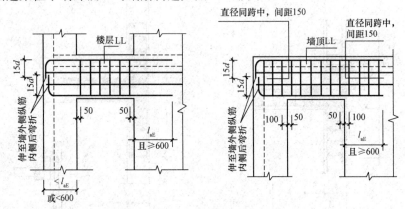

图 7-25 剪力墙连梁位于端部洞口时钢筋构造

(1)纵筋构造。

1)当端部洞口连梁的纵向钢筋在端支座的直锚长度$\geqslant l_{aE}$，且$\geqslant 600$ mm 时，可不必往上(下)弯折。

2)当端部墙肢较短，端部洞口连梁的纵向钢筋在端支座的直锚长度$< l_{aE}$，或< 600 mm 时，连梁的纵向钢筋伸至墙外侧纵筋内侧后向上(下)弯折，弯折段长度为$15d$。

(2)箍筋构造。

1)中间层连梁箍筋构造。中间层连梁箍筋布置在洞口范围内，第一根箍筋距离支座边缘为 50 mm。

2)顶层连梁箍筋构造。顶层连梁箍筋布置在全梁范围内，洞口范围内两侧第一根箍筋距离支座边缘为 50 mm，箍筋的具体内容要根据设计标注进行布置；支座范围内第一根箍筋距离支座边缘为 100 mm，箍筋的直径与跨中相同，间距为固定值 150 mm。

(3)拉结筋构造。

1)拉结筋直径：当梁宽$\leqslant 350$ mm 时，为 6 mm；当梁宽> 350 mm 时，为 8 mm。

2)拉结筋间距：拉结筋间距为箍筋间距的 2 倍，竖向沿侧面水平筋"隔一拉一"。

2. 剪力墙连梁为单洞口连梁钢筋构造

剪力墙连梁为单洞口(单跨)连梁时，连梁纵筋伸入两端支座内的长度为l_{aE}，且$\geqslant 600$ mm。

连梁箍筋、拉筋、侧面纵筋构造与端部洞口连梁钢筋构造相同。剪力墙连梁为单洞口连梁钢筋构造如图 7-26 所示。

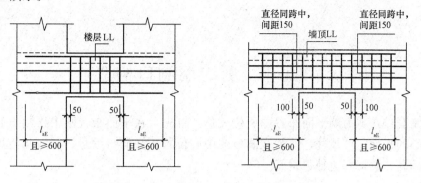

图 7-26　剪力墙连梁为单洞口连梁钢筋构造

3. 剪力墙连梁为双洞口连梁钢筋构造

剪力墙连梁为双洞口（双跨）连梁时，连梁纵筋连续跨过双洞口，连梁纵筋伸入两端支座内的长度为 l_{aE}，且≥600 mm。连梁箍筋除与端部洞口连梁箍筋构造相同外，双洞口连梁范围内也要设置箍筋。连梁拉筋、侧面纵筋构造与端部洞口连梁钢筋构造相同。剪力墙连梁为双洞口连梁钢筋构造如图 7-27 所示。

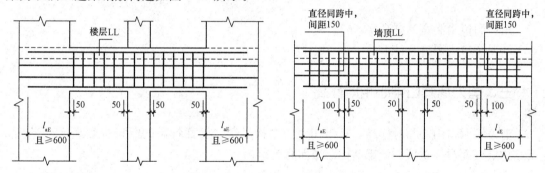

图 7-27　剪力墙连梁为双洞口连梁钢筋构造

二、剪力墙暗梁钢筋构造

剪力墙暗梁钢筋包括纵筋、箍筋、拉筋。其中，纵筋包括上部纵筋、下部纵筋、侧面纵筋。侧面纵筋要根据具体设计进行布置。

1. 暗梁钢筋与剪力墙钢筋的位置关系

剪力墙的水平分布筋位于剪力墙的最外侧，剪力墙的竖向钢筋连续穿过暗梁，与暗梁纵筋位于剪力墙的水平分布筋内侧，暗梁纵筋位于最内侧，如图 7-28 所示。

2. 剪力墙暗梁钢筋构造

剪力墙暗梁纵向钢筋构造与剪力墙水平分布钢筋构造

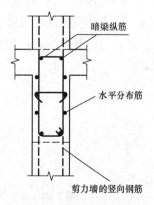

图 7-28　暗梁钢筋与剪力墙钢筋的位置关系

相同。剪力墙暗梁箍筋沿墙肢全长均匀布置；暗梁拉筋、侧面构造钢筋与连梁拉筋设置相同。

第五节 剪力墙洞口构造

剪力墙洞口在剪力墙平面布置图原位表达。首先，在平面布置图中绘制出洞口，标注出洞口中心的平面定位尺寸，然后在洞口的中心位置标注洞口编号、洞口几何尺寸、洞口中心相对标高、洞口每边补强钢筋。

一、剪力墙洞口编号

当洞口为矩形洞口时，编号为 JD××，××为序号。
当洞口为圆形洞口时，编号为 YD××，××为序号。

二、剪力墙洞口几何尺寸

矩形洞口为洞宽×洞高($b \times h$)。
圆形洞口为洞口直径 D。

三、剪力墙洞口中心相对标高

剪力墙洞口中心相对标高，是指相对于结构层楼(地)面标高的洞口中心高度。当其高于结构层楼面时为正值；低于结构层楼面时为负值。

四、剪力墙洞口每边补强钢筋

(1)当矩形洞口的洞宽、洞高均不大于 800 mm 时，洞口每边设置补强钢筋，标注内容为洞口每边补强钢筋的具体数值。当洞宽、洞高方向补强钢筋不一致时，分别注写洞宽方向、洞高方向补强钢筋，用斜线"/"分隔，如图 7-29 所示。

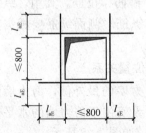

图 7-29 矩形洞口的洞宽、洞高均不大于 800 mm 时洞口补强钢筋构造

当设计注写补强纵筋时，按注写值补强；当设计未注写时，按每边配置两根直径不小于 12 mm 且不小于同向被切断纵向钢筋总面积的 50% 补强。补强钢筋种类与被切断钢筋相同。补强钢筋每边伸入洞口四周墙体内的长度为 l_{aE}。图 7-30 所示为矩形洞口的洞宽大于 800 mm 时洞口补强暗梁构造。

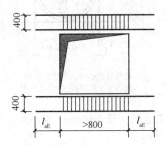

图 7-30　矩形洞口的洞宽大于 800 mm 时洞口补强暗梁构造

在洞口处被切断的剪力墙水平筋和竖向筋，在洞口处弯折勾住洞口补强钢筋。图 7-31 所示为矩形洞口被切断的墙身纵筋构造。

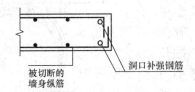

图 7-31　矩形洞口被切断的墙身纵筋构造

(2)当矩形洞口洞宽大于 800 mm 时，在洞口的上、下设置补强暗梁，标注内容为洞口上、下每边暗梁的纵筋、箍筋的具体数值。

当洞口上、下为剪力墙连梁时，可不重复设置补强暗梁，补强暗梁两端伸入洞口两侧墙体内的长度均为 l_{aE}。

(3)当圆形洞口直径不大于 300 mm，且设置在墙身、暗梁或边框梁位置时，标注内容为洞口上下左右每边布置的补强纵筋的具体数值。

补强钢筋每边伸入洞口四周墙体内的长度为 l_{aE}。图 7-32 所示为剪力墙圆形洞口直径不大于 300 mm 时补强纵筋构造。

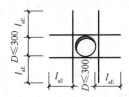

图 7-32　剪力墙圆形洞口直径不大于 300 mm 时补强纵筋构造

(4)当圆形洞口直径大于 300 mm，但不大于 800 mm 时，补强钢筋按照圆外切正六边形的边长方向布置，标注内容为六边形中一边补强钢筋的具体数值。图 7-33 所示为剪力墙圆形洞口直径大于 300 mm，但不大于 800 mm 时补强纵筋构造。

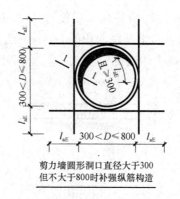

剪力墙圆形洞口直径大于300
但不大于800时补强纵筋构造

图 7-33　剪力墙圆形洞口直径大于 300 mm，但不大于 800 mm 时补强纵筋构造

（5）当圆形洞口直径大于 800 mm 时，在洞口的上、下设置补强暗梁，在洞口周围设置环向加强钢筋，标注内容为洞口上、下每边暗梁的纵筋、箍筋、环向加强钢筋的具体数值。

当洞口上、下为剪力墙连梁时，可不重复设置补强暗梁，补强暗梁两端伸入洞口两侧墙体内的长度均为 l_{aE}，洞口竖向两侧设置剪力墙边缘构件。环向加强钢筋重合部分长度为 l_{aE}，且≥300 mm。墙体分布钢筋延伸至洞口边弯折。图 7-34 所示为剪力墙圆形洞口直径大于 800 mm 时补强暗梁构造。

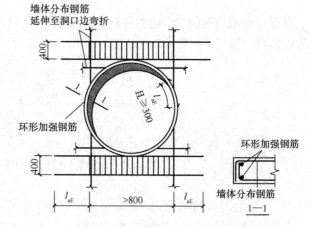

图 7-34　剪力墙圆形洞口直径大于 800 mm 时补强暗梁构造

📁 ➤ 小　结

本章主要介绍剪力墙平法施工图制图规则、剪力墙钢筋构造、剪力墙边缘构件钢筋构造、剪力墙梁钢筋构造等。剪力墙结构构件包括剪力墙身、剪力墙柱和剪力墙梁三个部分。剪力墙平法施工图可采用列表注写方式和截面注写方式。

📁 ➤ 复习思考题

一、填空题

1. 暗梁属于墙构件，它的代号是_____。

2. 剪力墙斜交转角处，内侧钢筋均伸至对边，弯折段长度为_____。

3. 剪力墙端部无暗柱时，墙身两侧水平分布钢筋可伸至端部弯折，弯折段长度为_____。

4. 当连梁为墙顶单洞口连梁时，连梁内的箍筋在跨内、支座内均布置，支座内布置间距为_____ mm。连梁纵筋的锚固值为_____且不小于 600 mm。

5. 当矩形洞口的洞宽、洞高均不大于 800 mm 时，剪力墙洞口处的补强钢筋每边伸过洞口_____。

二、多选题

1. 下列关于剪力墙竖向钢筋构造描述错误的是(　　)。

A. 剪力墙竖向钢筋采用搭接时，必须在楼面以上≥500 mm 处搭接

B. 剪力墙竖向钢筋采用机械连接时，没有非连接区域，可以在楼面处连接

C. 三、四级抗震剪力墙竖向钢筋可在同一部位搭接

D. 剪力墙竖向钢筋顶部构造为到顶层板底伸入一个锚固值 l_{aE}

2. 构造边缘构件包括(　　)。

A. 构造边缘暗柱　　　　　　　　　　B. 构造边缘端柱

C. 构造边缘翼墙　　　　　　　　　　D. 构造边缘转角墙

3. 边框梁有侧面钢筋时需要设置拉筋，当设计没有给出拉筋直径时，下列正确的是(　　)。

A. 当梁高≤350 mm 时为 6 mm，梁高>350 mm 时为 8 mm

B. 当梁高≤450 mm 时为 6 mm，梁高>450 mm 时为 8 mm

C. 当梁宽≤350 mm 时为 6 mm，梁宽>350 mm 时为 8 mm

D. 当梁宽≤450 mm 时为 6 mm，梁宽>450 mm 时为 8 mm

第八章 现浇混凝土板式楼梯平法施工图识读

内容提要

楼梯是在建筑物中作为楼层间垂直交通用的构件。本章内容主要包括现浇混凝土板式楼梯平法施工图制图规则、常见板式楼梯配筋构造等知识。

知识目标

1. 了解现浇混凝土板式楼梯的类型、板式楼梯平法施工图表示方法。
2. 掌握常见类型的现浇混凝土板式楼梯配筋构造。

能力目标

1. 能够正确识读常见类型的板式楼梯平法施工图。
2. 能根据常见类型的板式楼梯平法施工图，进行钢筋抽样。
3. 能根据常见类型的板式楼梯平法施工图，进行简单的钢筋长度计算。

第一节 现浇混凝土板式楼梯平法施工图制图规则

一、现浇混凝土板式楼梯的类型

现浇混凝土板式楼梯平法施工图有平面注写、剖面注写和列表注写三种表达方式。板式楼梯所包含的构件内容有楼层梯梁、楼层平板、踏步段、层间平板、层间梯梁等。图 8-1 所示为板式楼梯示意。

板式楼梯包含 12 种类型，分别为 AT 型、BT 型、CT 型、DT 型、ET 型、FT 型、GT 型、ATa 型、ATb 型、ATc 型、CTa 型和CTb 型。其中，AT～ET 型板式楼梯代号

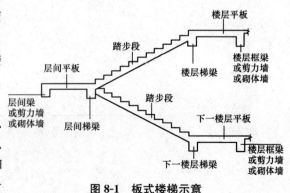

图 8-1 板式楼梯示意

代表一段带上下支座的梯板；FT 型和 GT 型板式楼梯代号代表两跑踏步段和连接它们的楼层平板及层间平板。

1. AT 型

AT 型梯板全部由踏步段构成，梯板两端分别以低端和高端梯梁为支座，如图 8-2 所示。

2. BT 型

BT 型梯板由低端平板和踏步段构成，梯板两端分别以低端和高端梯梁为支座，如图 8-3 所示。

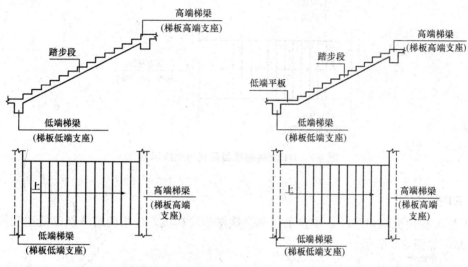

图 8-2　AT 型楼梯截面形状与支座示意　　　图 8-3　BT 型楼梯截面形状与支座示意

3. CT 型

CT 型梯板由踏步段和高端平板构成，梯板两端分别以低端和高端梯梁为支座，如图 8-4 所示。

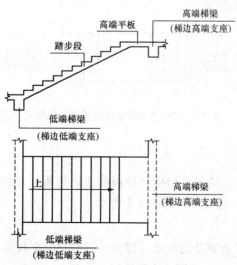

图 8-4　CT 型楼梯截面形状与支座示意

4. DT 型

DT 型梯板由低端平板、踏步段、高端平板构成，梯板两端分别以低端和高端梯梁为支座，如图 8-5 所示。

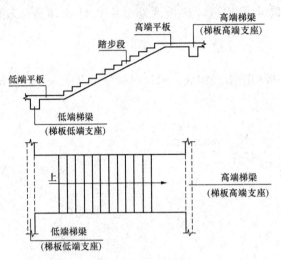

图 8-5　DT 型楼梯截面形状与支座示意

5. ET 型

ET 型梯板由低端踏步段、中位平板和高端踏步段构成，梯板两端分别以低端和高端梯梁为支座，如图 8-6 所示。

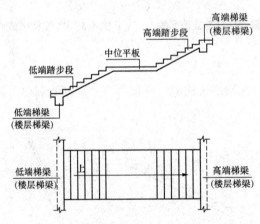

图 8-6　ET 型楼梯截面形状与支座示意

6. FT 型

FT 型梯板由层间平板、踏步段和楼层平板构成，梯板一端的层间平板采用三边支承，另一端的楼层平板也采用三边支承，如图 8-7 所示。

7. GT 型

GT 型梯板由层间平板和踏步段构成，梯板一端的层间平板采用三边支承，另一端的楼梯段采用单边支承(在梯梁上)，如图 8-8 所示。

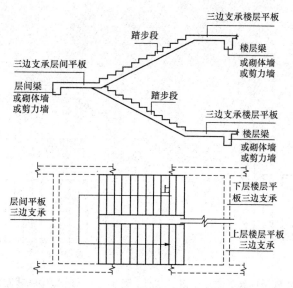

图 8-7　FT 型楼梯截面形状与支座示意

8. ATa 型

ATa 型为带滑动支座的板式楼梯，梯板全部由踏步段构成，梯板高端支承在梯梁上，低端带滑动支座支承在梯梁上，如图 8-9 所示。

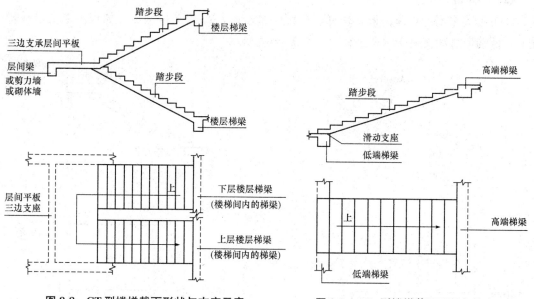

图 8-8　GT 型楼梯截面形状与支座示意　　　**图 8-9　ATa 型楼梯截面形状与支座示意**

9. ATb 型

ATb 型为带滑动支座的板式楼梯，梯板全部由踏步段构成，梯板高端均支承在梯梁上，低端带滑动支座支承在挑板上，如图 8-10 所示。

10. ATc 型

ATc 型梯板全部由踏步段构成，梯板两端均支承在梯梁上，如图 8-11 所示。

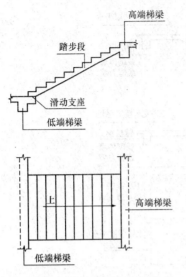

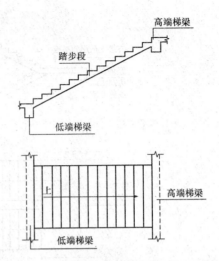

图 8-10　ATb 型楼梯截面形状与支座示意　　　图 8-11　ATc 型楼梯截面形状与支座示意

11. CTa 型

CTa 型为带滑动支座的板式楼梯，梯板由踏步段和高端平板构成，梯板高端支承在梯梁上，低端带滑动支座支承在梯梁上，如图 8-12 所示。

12. CTb 型

CTb 型为带滑动支座的板式楼梯，梯板由踏步段和高端平板构成，梯板高端支承在梯梁上，低端带滑动支座支承在挑板上，如图 8-13 所示。

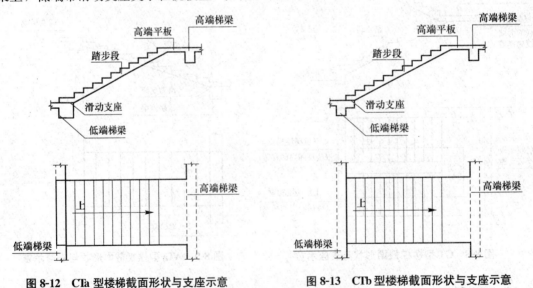

图 8-12　CTa 型楼梯截面形状与支座示意　　　图 8-13　CTb 型楼梯截面形状与支座示意

二、板式楼梯平法施工图的表示方法

1. 平面注写方式

平面注写方式是在楼梯平面布置图上注写截面尺寸和配筋具体数值的方式来表达楼梯

施工图。平面注写方式包括集中标注和外围标注。图 8-14 所示为楼梯平面注写示意。

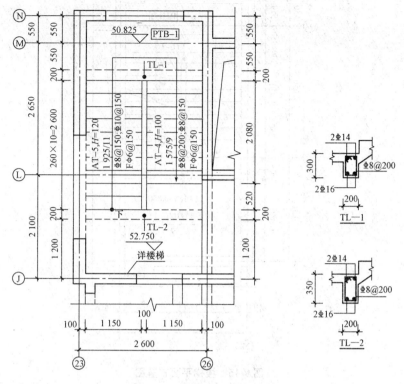

图 8-14　楼梯平面注写示意

(1)集中标注内容。

1)梯板类型代号与序号,如 AT××。

2)梯板厚度,注写为 h＝×××。当为带平板的梯板且梯段板厚度和平板厚度不同时,可在梯段板厚度后面括号内以字母 P 打头注写平板厚度。

3)踏步段总高度和踏步级数,用斜线"/"分隔。

4)梯板支座上部纵筋和下部纵筋,用分号";"分隔。

5)梯板分布筋,以 F 打头注写分布钢筋具体值。

6)对于 ATc 型楼梯还应注明楼板两侧边缘构件纵向钢筋及箍筋。

(2)外围标注内容。楼梯外围标注内容,包括楼梯间的平面尺寸、楼层结构标高、层间结构标高、楼梯上下方向、梯板的平面几何尺寸、平台板配筋、梯梁及梯柱配筋等。

2. 剖面注写方式

剖面注写方式是在楼梯平法施工图中绘制楼梯平面布置图和楼梯剖面图的方式来表达楼梯施工图。剖面注写方式包括平面注写和剖面注写。图 8-15 所示为楼梯平面布置图,图 8-16 所示为楼梯剖面图。

(1)平面注写内容。楼梯平面布置图注写内容,包括楼梯间的平面尺寸、楼层结构标高、层间结构标高、楼梯的上下方向、梯板的平面几何尺寸、梯板类型及编号、平台板配筋、梯梁及梯柱配筋等。

(2)剖面注写内容。楼梯剖面图注写内容,包括梯板集中标注、梯梁梯柱编号、梯板水

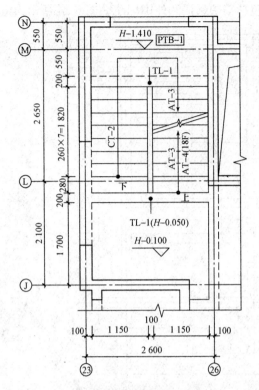

图 8-15 楼梯平面布置图

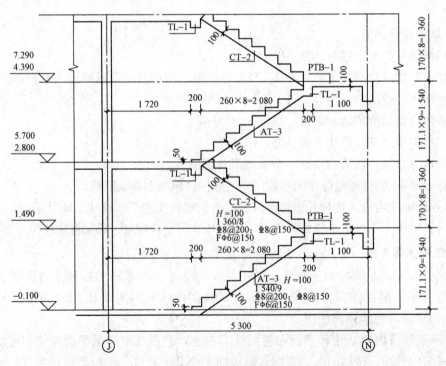

图 8-16 楼梯剖面图

平及竖向尺寸、楼层结构标高、层间结构标高等。

（3）梯板集中标注内容有以下四项：

1）梯板类型及编号，如AT××。

2）梯板厚度，注写为$h=$×××。当梯板由踏步段和平板构成，且踏步段梯板厚度和平板厚度不同时，可在梯板厚度后面括号内以字母P打头注写平板厚度。

3）梯板配筋。注写梯板上部纵筋和梯板下部纵筋，用分号";"分隔。

4）梯板分布筋，以F打头注写分布钢筋具体值。

3. 列表注写方式

列表注写方式是用列表方式注写梯板截面尺寸和配筋具体数值的方式来表达楼梯施工图。

第二节　常见板式楼梯配筋构造

一、AT型楼梯板配筋构造

AT型楼梯板配筋构造如图8-17所示。

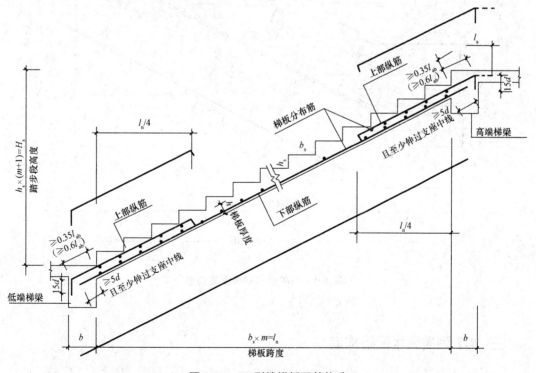

图8-17　AT型楼梯板配筋构造

（1）梯板下部纵筋分别伸入高、低端梯梁内，伸入长度为$\geqslant 5d$，且至少过梁中线。

（2）梯板上部纵筋伸至支座对边再向下弯折，且伸入梯梁内$\geqslant 0.35l_{ab}$（用于设计按铰接的情况），或$\geqslant 0.6l_{ab}$（用于设计考虑充分发挥钢筋抗拉强度的情况），弯折段长度为$15d$。

（3）上部纵筋有条件时可直接伸入平台板锚固，从支座内边算起总锚固长度不小于l_a，如图8-17中的虚线所示。

（4）梯板上部纵筋的伸出长度为$l_n/4$。

（5）当采用HPB300光面钢筋时，除梯板上部纵筋的跨内端头做90°弯钩外，所有末端应做180°的弯钩。

二、BT型楼梯板配筋构造

BT型楼梯板配筋构造如图8-18所示。

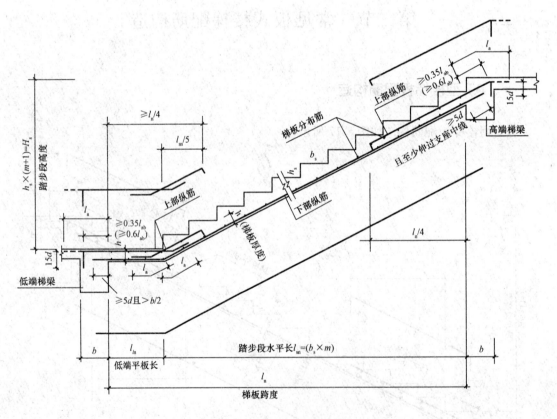

图8-18　BT型楼梯板配筋构造

三、CT型楼梯板配筋构造

CT型楼梯板配筋构造如图8-19所示。

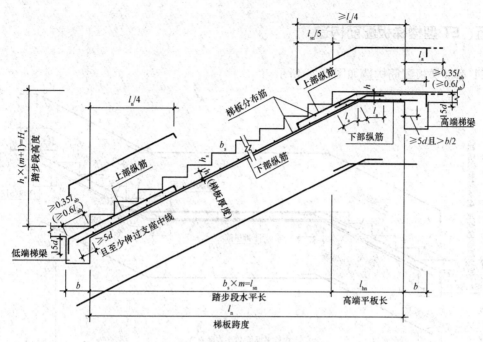

图 8-19　CT 型楼梯板配筋构造

四、DT 型楼梯板配筋构造

DT 型楼梯板配筋构造如图 8-20 所示。

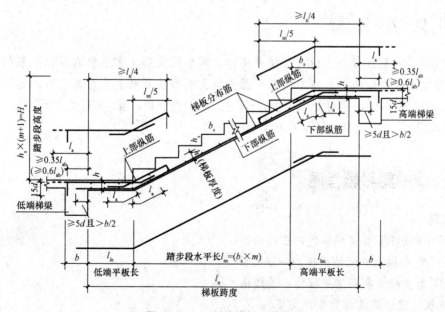

图 8-20　DT 型楼梯板配筋构造

五、ET 型楼梯板配筋构造

ET 型楼梯板配筋构造如图 8-21 所示。

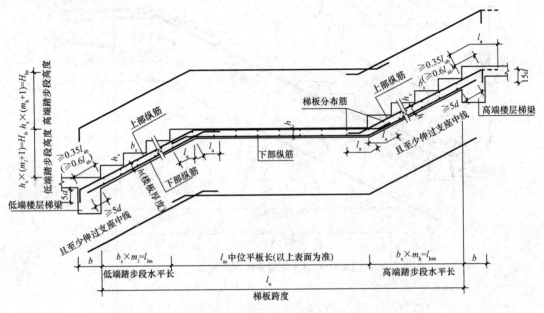

图 8-21　ET 型楼梯板配筋构造

小　　结

本章主要介绍现浇混凝土板式楼梯平法施工图制图规则、常见板式楼梯配筋构造等知识。现浇混凝土板式楼梯平法施工图有平面注写、剖面注写和列表注写三种表达方式。板式楼梯包含 12 种类型，分别为 AT 型、BT 型、CT 型、DT 型、ET 型、FT 型、GT 型、ATa 型、ATb 型、ATc 型、CTa 型和 CTb 型。

复习思考题

单选题

1. 下列有关 BT 型楼梯描述，正确的是（　　）。

A. BT 型楼梯为有低端平板的一跑楼梯

B. BT 型楼梯为有高端平板的一跑楼梯

C. 梯板低端、高端均为单边支座

D. 梯板低端为三边支座，高端为单边支座

2. 在楼梯平面注写方式中，集中标注的内容包括（　　）。

A. 梯板类型、代号　　　　　　　　　　　　B. 楼梯间的平面尺寸

C. 梯板厚度   D. 梯板上部纵筋、下部纵筋

3. 板式楼梯所包含的构件内容一般有踏步段和（   ）。

A. 楼层梯梁   B. 层间梯梁   C. 层间平板   D. 楼层平板

4. 在楼梯集中标注中，标注的内容 1 800/15 表示的含义是（   ）。

A. 踏步段总高度 1 800，踏步级数 15

B. 楼梯序号是 1 800，板厚 15

C. 上部纵筋和下部纵筋长度与根数

D. 楼梯平面几何尺寸

第九章 施工图审查与会审

施工图审查是施工图设计文件审查的简称，是指住房城乡建设主管部门认定的施工图审查机构按照有关法律、法规，对施工图涉及公共利益、公众安全和工程建设强制性标准的内容进行的审查。而施工图会审是指工程各参建单位（建设单位、监理单位、施工单位、各种设备厂家）在收到设计院施工图设计文件后，对图纸进行全面细致地熟悉与交流，审查出施工图中存在的问题及不合理情况并提交设计院进行处理的一项重要活动。本章内容主要包括混凝土结构施工图审查与图纸会审的相关工作。

知识目标

1. 了解混凝土结构施工图审查的内容。
2. 掌握图纸会审的工作程序和内容。
3. 熟悉图纸会审记录单、设计交底记录表的编制内容。

能力目标

1. 能够准确地说出施工图审核的基本内容和要点，能熟练地掌握施工图会审的会审程序与基本要求，能正确地识读混凝土结构施工图，并对施工图表达中的"错、碰、漏"等问题进行审核，能准确地理解施工图会审参与各方的工程语言，并记录整理图纸会审纪要。
2. 能通过图纸间的尺寸关系、相互要求与配合等内在的联系，采取正确的施工方法实现设计意图。

第一节 施工图审查的基本内容

施工图设计文件（以下简称施工图）审查是政府主管部门对工程勘察设计质量进行监督管理的重要环节。施工图审查是指国务院住房城乡建设主管部门和省、自治区、直辖市人民政府住房城乡建设主管部门委托依法认定的设计审查机构，根据国家法律、法规，对施工图涉及公共利益、公众安全和工程建设强制性标准的内容进行的审查。

一、施工图审查的范围

房屋建筑工程、市政基础设施工程施工图设计文件均属审查范围。省、自治区、直辖市人民政府住房城乡建设主管部门，可结合本地的实际，确定具体的审查范围。

建设单位应当将施工图送审查机构审查。建设单位可以自主选择审查机构，但审查机构不得与所审查项目的建设单位、勘察设计单位有隶属关系或其他利害关系。建设单位应当向审查机构提供的资料：一是作为勘察、设计的批准文件及附件；二是全套施工图。

二、混凝土结构施工图审查的基本内容

(1)结构布置方面。

1)房屋结构高度和结构竖向高宽比的控制是否合理。

2)结构平面布置和竖向布置的合理性。

3)竖向抗侧力构件的连续性及截面尺寸、结构材料强度等级变化是否合理。

4)抗震墙、抗侧力体系及底部加强区的布置是否符合规范要求。

5)伸缩缝、沉降缝和抗震缝的设置和构造是否符合规范要求。

6)非主体结构(如钢雨篷、钢网架、钢桁架等)与主体结构的连接应安全可靠等。

(2)结构的配筋与构造方面。

1)混凝土梁、柱和剪力墙的截面尺寸、配筋和构造是否符合规范要求。

2)短肢剪力墙和异形柱的配筋和构造是否符合规范要求。

3)混凝土保护层，钢筋锚固和搭接是否符合规范要求。

4)受力预埋件锚筋、吊环的构造是否符合规范要求。

5)伸缩缝、沉降缝和抗震缝的构造或不设缝的措施是否符合规范要求。

6)薄弱层的加强措施；转换层的框支梁、柱和剪力墙截面、配筋和构造是否符合规范要求。

7)每单元之间或主楼与裙房之间的处理等。

(3)结构计算方面。

1)材料强度设计值的选用和结构承载力计算。

2)荷载取值及有关系数的采用。

3)设防烈度、场地类别、抗震等级和地震作用的计算原则。

4)框支剪力墙结构转换层上下刚度比；短肢剪力墙和异形柱的计算，包括抗震等级、轴压比、配筋率、配箍率。

5)层间弹性位移(含最大位移与平均位移的比)、弹塑性层间位移；首层墙、柱轴压比。

6)结构薄弱层的判断和验算；扭转位移比和平动周期比。

7)大跨度梁、板应验算其挠度和裂缝是否满足规范的要求等。

三、施工图审查有关各方的职责

(1)国务院住房城乡建设主管部门负责规定审查机构的条件、施工图审查工作管理办法，并对全国的施工图审查工作实施指导监管。省、自治区、直辖市人民政府住房城乡建设主管部门负责认定本行政区域内的审查机构，对施工图审查工作实施监督管理，并接受

国务院住房城乡建设主管部门的指导和监督。市、县人民政府住房城乡建设主管部门负责本行政区域内的施工图审查工作实施日常监督管理，并接受省、自治区、直辖市人民政府住房城乡建设主管部门的指导和监督。

(2)勘察、设计单位必须按照工程建设强制性标准进行勘察、设计，并对勘察、设计质量负责。审查机构按照有关规定对勘察成果、施工图设计文件进行审查，但并不改变勘察、设计单位的质量责任。

(3)建设工程经施工图设计文件审查后因勘察设计原因发生工程质量问题，审查机构承担审查失职的责任。

四、施工图审查的管理

(1)施工图审查的时限。施工图审查原则上不超过下列时限：一是一级以上建筑工程、大型市政工程为15个工作日，二级及二级以下建筑工程，中型及以下市政工程为10个工作日；二是工程勘察文件，甲级项目为7个工作日，乙级及以下项目为5个工作日。

(2)施工图审查合格的处理。施工图审查合格的，审查机构应当向建设单位出具审查合格书，并将经审查机构盖章的全套施工图交还建设单位。审查合格书应当有各专业的审查人员签字，经法定代表人签发，并加盖审查机构公章。审查机构应当在5个工作日内将审查情况报工程所在地县级以上地方人民政府住房城乡建设主管部门备案。

(3)施工图审查不合格的处理。施工图审查不合格的，审查机构应当将施工图退还建设单位并书面说明不合格原因。同时，应当将审查中发现的建设单位、勘察设计单位和注册执业人员违反法律、法规和工程建设强制性标准的问题，报工程所在地县级以上地方人民政府建设主管部门。施工图退还建设单位后，建设单位应当要求原勘察设计单位进行修改，并将修改后的施工图返原审查机构审查。任何单位或者个人不得擅自修改审查合格的施工图。

第二节　图纸会审与设计交底

一、图纸会审

图纸会审是建设单位、监理单位、施工单位等相关单位，在收到施工图审查机构审查合格的施工图设计文件后，在设计交底前进行的全面细致的熟悉和审查施工图纸的活动。建设单位应及时主持召开图纸会审会议，组织项目监理机构、施工单位等相关人员进行图纸会审，并整理成会审问题清单，由建设单位在设计交底前约定的时间内提交设计单位。图纸会审由施工单位整理会议纪要，与会各方会签。

熟悉施工图等设计文件是实施事前质量控制的一项重要工作。其目的：一是通过熟悉工程设计文件，了解设计意图和工程设计特点、工程关键部位的质量要求；二是发现图纸差错，将图纸中的质量隐患消灭在萌芽之中。应重点熟悉设计的主导思想与设计构思，采用的设计规范、各专业设计说明等，以及工程设计文件对主要工程材料、构配件和设备的要求，对所采用的新材料、新工艺、新技术、新设备的要求，对施工技术的要求及涉及工程质量、施工安全应特别注意的事项等。

图纸会审记录的内容应按土建、水暖、电气、通风空调等顺序分别整理，并按下列要求填写：

(1)提出问题，凡需经设计院出具设计变更通知单或会审确定下来的解决意见，均需在"解决问题"栏内填写清楚，并尽快由设计部门发设计变更通知单。

(2)参加会审的设计、建设、监理、施工单位均必须在会审记录上签字并加盖公章，写清参加人员的工程单位、职务、职称、姓名，重点工程应由各方总工程师参加会审并签章。

(3)在特殊情况下对分批出图的工程图纸，可分批进行会审，但必须注明图纸会审范围，设计单位应向施工单位表明总体设计意图，以利于工程施工。图纸会审记录单如图 9-1 所示。

辽建档表式 10-3-84

图 纸 会 审 或 审 核 记 录
年　　月　　日

第　　页

工程名称	××小区1#3#楼及地下车库	设计单位	辽宁省××设计院	建设单位	××投资发展有限公司
图纸名称/图号	主要内容			解决问题	
图纸总说明一	1. 地下室基础底板外防水做法与集水进防水大样做法不一样。问：是否按说明或大样做？ 2. 地下室基础底板与各号楼底板交接尺寸不明？ 3. 测绘局提供黄海标高 2.73 m 的点与勘察单位提供黄海标高 2.3 m 点，经复测两点间高差只有 0.160 m。 ……			1. 答：按集水井防水大样做。 2. 答：按边线 1 000 做。 3. 答：±0.000 由建设单位确定为黄海标高 3.12 m。 ……	
建设单位签章			设计单位签章		
施工单位签章			监理单位签章		

图 9-1　图纸会审记录单

图纸会审的内容一般包括以下几项：

(1)审查设计图纸是否满足项目立项的功能、技术可靠、安全、经济适用的需求。

(2)图纸是否已经由审查机构签字、盖章。

(3)地质勘探资料是否齐全，设计图纸与说明是否齐全，设计深度是否达到规范要求。

(4)设计地震烈度是否符合当地要求。

(5)总平面与施工图的几何尺寸、平面位置、标高等是否一致。

(6)防火、消防是否满足要求。

(7)各专业图纸本身是否有差错及矛盾，结构图与建筑图的平面尺寸及标高是否一致，建筑图与结构图的表示方法是否清楚，是否符合制图标准，预留、预埋件是否表示清楚。

(8)工程材料来源有无保证，新工艺、新材料、新技术的应用有无问题。

(9)地基处理方法是否合理，建筑与结构构造是否存在不能施工、不便于施工的技术问题，或容易导致质量、安全、工程费用增加等方面的问题。

(10)工艺管道、电气线路、设备装置、运输道路与建筑物之间或相互之间有无矛盾等。

二、设计交底

设计单位交付工程设计文件后，按法律规定的义务就工程设计文件的内容向建设单位、施工单位和监理单位做出详细的说明。帮助施工单位和监理单位正确贯彻设计意图，加深对设计文件特点、难点、疑点的理解，掌握关键工程部位的质量要求，以确保工程质量。设计交底的主要内容一般包括施工图设计文件总体介绍，设计的意图说明，特殊的工艺要求，建筑、结构、工艺、设备等各专业在施工中的难点、疑点和容易发生的问题说明，以及对施工单位、监理单位、建设单位等对设计图纸疑问的解释等。

在工程开工前，建设单位应组织并主持召开工程设计技术交底会。首先由设计单位进行设计交底，然后转入图纸会审问题解释，设计单位对图纸会审问题清单予以解答。通过建设单位、设计单位、监理单位、施工单位及其他有关单位研究协商，确定图纸存在的各种技术问题的解决方案。设计交底会议纪要由设计单位整理，与会各方会签。设计交底记录如图 9-2 所示。

辽建档表式 10-2-83

设计交底记录

年　月　日

第　页

工程名称		设计单位		主要设计人		设计交底人	
工程名称		设计单位		主要设计人		审批人	

施工单位：_____ 人数：_____　　分包单位：_____ 人数：_____

监理单位：_____ 人数：_____　　建设单位：_____ 人数：_____

施工图审批中的问题和交流记录	解决问题

建设单位签章		设计单位签章	
施工单位签章		监理单位签章	

图 9-2　设计交底记录

📁 ➤ 小 结

本章主要介绍混凝土结构施工图审查与会审的相关工作内容，这两项工作在一定程度上影响工程施工的质量、进度、成本与安全。通过本章与之前章节有关知识点的学习，施工图中存在的问题在审查或会审时被及时发现和尽早得到处理，从而提高效益。

📁 ➤ 复习思考题

1. 施工图审查的时限有哪些？
2. 混凝土结构施工图审查的基本内容有哪些？
3. 简述图纸会审的基本内容。
4. 什么是设计交底？其与图纸会审的区别是什么？

附录 实训施工图

见附图。

参 考 文 献

［1］中华人民共和国住房和城乡建设部．GB 50010—2010 混凝土结构设计规范（2015 年版）［S］. 北京：中国建筑工业出版社，2016.

［2］中华人民共和国住房和城乡建设部．GB 50223—2008 建筑工程抗震设防分类标准［S］. 北京：中国建筑工业出版社，2008.

［3］中华人民共和国住房和城乡建设部．JGJ 3—2010 高层建筑混凝土结构技术规程［S］. 北京：中国建筑工业出版社，2010.

［4］中华人民共和国住房和城乡建设部，中华人民共和国国家市场质量监督管理总局．GB 50011—2010 建筑抗震设计规范（2016 年版）［S］. 北京：中国建筑工业出版社，2016.

［5］中华人民共和国住房和城乡建设部，中华人民共和国国家市场质量监督管理总局．GB/T 50105—2010 建筑结构制图标准［S］. 北京：中国建筑工业出版社，2015.

［6］中华人民共和国住房和城乡建设部．16G101-1 混凝土结构施工图平面整体表示方法制图规则和构造详图（现浇混凝土框架、剪力墙、梁、板）［S］. 北京：中国计划出版社，2016.

［7］中华人民共和国住房和城乡建设部．16G101-2 混凝土结构施工图平面整体表示方法制图规则和构造详图（现浇混凝土板式楼梯）［S］. 北京：中国计划出版社，2016.

［8］中华人民共和国住房和城乡建设部．16G101-3 混凝土结构施工图平面整体表示方法制图规则和构造详图（独立基础、条形基础、筏形基础、桩基础）［S］. 北京：中国标准出版社，2016.

《混凝土结构平法识图（第2版）》实训施工图

主 编　刘　悦　李盛楠　温秀红

副主编　赵　欢

主 审　刘英明

北京理工大学出版社

BEIJING INSTITUTE OF TECHNOLOGY PRESS

图 纸 目 录

建设单位：××房地产开发有限公司
工程名称：××住宅项目××号楼　　　　　工程编号　　　　　工程阶段：施工图

第1页　共1页
专业：结构

序号	图号	图纸名称	图幅	电子文件名	出图日期	修改日期Rev1	修改日期Rev2	修改日期Rev3	修改日期Rev4	备注
1	S001	首页（一）	A1		2019-05-24					
2	S002	首页（二）	A1		2019-05-24					
3	S003	首页（三）	A1		2019-05-24					
4	S004	首页（四）	A1		2019-05-24					
5	S101	基础平面布置图（一）	A1		2019-05-24					
6	S102	基础平面布置图（二）	A1		2019-05-24					
7	S201	基础顶～-0.120 m墙柱平面布置图（一）	A1		2019-05-24					
8	S202	基础顶～-0.120 m墙柱平面布置图（二）	A1		2019-05-24					
9	S203	标高-0.120～3.180 m墙柱平面布置图（一）	A1		2019-05-24					
10	S204	标高-0.120～3.180 m墙柱平面布置图（二）	A1		2019-05-24					
11	S205	标高3.180～6.180 m墙柱平面布置图（一）	A1		2019-05-24					
12	S206	标高3.180～6.180 m墙柱平面布置图（二）	A1		2019-05-24					
13	S207	标高6.180 m～坡屋面墙柱平面布置图（一）	A1		2019-05-24					
14	S208	标高6.180 m～坡屋面墙柱平面布置图（二）	A1		2019-05-24					
15	S209	R1、R2、R4～R8号楼留洞图	A1		2019-05-24					
16	S301	标高±0.000 m结构平面布置图	A1		2019-05-24					
17	S302	标高±0.000 m梁配筋图	A1		2019-05-24					
18	S303	标高3.300 m结构平面布置图	A1		2019-05-24					
19	S304	标高3.300 m梁配筋图	A1		2019-05-24					
20	S305	标高±0.000 m板配筋图	A1		2019-05-24					
21	S306	标高3.300 m板配筋图	A1		2019-05-24					
22	S307	标高6.300 m结构平面布置图	A1		2019-05-24					
23	S308	标高6.300 m梁配筋图	A1		2019-05-24					
24	S309	屋面结构平面布置图	A1		2019-05-24					
25	S310	屋面梁配筋图	A1		2019-05-24					
26	S311	标高6.300 m板配筋图	A1		2019-05-24					
27	S312	屋面板配筋图	A1		2019-05-24					
28	S501	楼梯详图（一）	A1		2019-05-24					
29	S502	楼梯详图（二）	A1		2019-05-24					

编制人：　　　　校对人：　　　　审核人：　　　　　　　　　　　　　　　　　　2019-05-24

结构设计说明

1. 概述

1.1 设计依据：

1.1.1 采用的主要设计规范、规程：

《建筑结构荷载规范》 （GB 50009—2012）

《混凝土结构设计规范（2015年版）》 （GB 50010—2010）

《砌体结构设计规范》 （GB 50003—2011）

《建筑工程抗震设防分类标准》 （GB 50223—2008）

《建筑抗震设计规范（2016年版）》 （GB 50011—2010）

《建筑地基基础设计规范》 （GB 50007—2011）

《建筑桩基技术规范》 （JGJ 94—2008）

《北京地区建筑地基基础勘察设计规范》 （DBJ11—501—2009）

《地下工程防水技术规范》 （GB 50108—2008）

《混凝土结构耐久性设计标准》 （GB/T 50476—2019）

《建设工程设计文件编制深度规定》 建设部建质2008—216号（2008年版）

1.1.2 建设单位提供的《××住宅项目二期岩土工程勘察报告（详勘阶段）》。

1.1.3 有关批准设计文件见建施总说明。

1.1.4 建设单位及相关专业提供的设计图纸及资料。

1.2 自然条件：

1.2.1 基本风压按50年重现期，W_0=0.45 kN/m²，地面粗糙度为B类，当建筑物高度大于60 m，承载力设计时风荷载效应放大系数取1.1。

1.2.2 抗震设防烈度为7度，设计基本地震加速度值为0.15g，设计地震分组为第二组，场地类别为Ⅱ类，特征周期为0.40 s。

1.2.3 基本雪压：0.40 kN/m²。

1.2.4 标准冻深：自然地面下1.0 m。

1.3 工程地质概况：

1.3.1 土层由上面下分布如下：

①房渣土—碎石填土 ⑥粉质黏土—重粉质黏土

②粉质黏土—黏质粉土 ⑦粉质黏土—重粉质黏土

③卵石 ⑧黏质粉土—粉质黏土

④粉质黏土—黏质粉土 ⑨强风化灰岩—中等风化灰岩

⑤粉质黏土—黏质粉土 （局部夹层情况详见地勘报告）

1.3.2 本建筑场地地基土在抗震设防烈度7度时不发生液化。

1.3.3 勘察期间所有钻孔在勘探深度内遇见地下水，本工程未考虑抗浮设计。

1.3.4 由于钻探期间未实测到地下水，所以可不考虑地下水对基础材料的腐蚀性。

1.4 标高及尺寸：

1.4.1 本工程±0.000相当于绝对标高详见施工S102。

1.4.2 除特别注明外，图中所注标高均为相对标高。

1.4.3 除特别注明外，图中尺寸均以毫米（mm）为单位，标高均以米（m）为单位。

1.5 工程设计标准：

1.5.1 设计使用年限为50年。

1.5.2 基础及上部结构安全等级均为二级。

1.5.3 地基基础（含桩基）设计等级均为二级。

1.5.4 抗震设防烈度为7度，抗震设防类别为标准设防类（丙类）。

1.5.5 砌体施工质量控制等级为B级。

1.5.6 本工程结构形式为剪力墙结构，结构抗震等级为四级，框架柱抗震等级为三级。

1.5.7 钢筋混凝土构件的环境类别：

基础及与水或土壤直接接触的结构构件迎水面为二b类。

上部结构中外露的女儿墙和悬挑梁、板构件为二b类。

上部结构中水箱间及其他潮湿环境房间的构件为二a类。

其他上部结构构件为一类。

1.5.8 未经技术鉴定或设计许可，不得改变结构的用途和使用环境。

1.6 耐火等级及构件耐火极限：

1.6.1 耐火等级为二级。

1.6.2 构件耐火极限：

主要构件的耐火极限所要求的最小构件尺寸及保护层厚度符合《建筑设计防火规范（2018年版）》（GB 50016—2014）的要求。

2. 使用荷载（kN/m²）

卫生间2.0（整体计算时）；4.0（构件计算时） 走廊、门厅、楼梯2.0

露台3.0 阳台2.5 消防疏散楼梯3.5

电梯机房7.0 上人屋面2.0 不上人屋面0.5 屋顶花园3.0

未注明荷载均按《建筑结构荷载规范》（GB 50009—2012）采用。

3. 使用材料

3.1 钢材：

3.1.1 钢筋：Φ为HPB300级钢，强度设计值 f_y=270 N/mm²

Φ为HRB335级钢，强度设计值 f_y=300 N/mm²

Φ为HRB400级钢，强度设计值 f_y=360 N/mm²

抗震等级为一、二、三级的框架和斜撑构件（含梯度），其纵向受力钢筋采用普通钢筋时，钢筋的抗拉强度实测值与屈服强度实测值的比值不应小于1.25；钢筋的屈服强度实测值与屈服强度标准值的比值不应大于1.3，且钢筋在最大拉力下的总伸长率实测值不应小于9%。

3.1.2 埋件：锚板采用Q235级钢，锚筋采用HRB400级钢，严禁使用冷加工钢筋。

3.1.3 吊钩：采用HPB300级钢，严禁使用冷加工钢筋。

3.2 焊条：

HPB300级钢、Q235级钢采用E43型焊条。

HRB335级钢、HRB400级钢采用E50型焊条。

3.3 混凝土强度等级：

基础垫层混凝土强度等级为C15；其他构件混凝土强度等级均为C30。

地下室底板、外墙混凝土抗渗等级为P6。

3.4 填充墙：

±0.000以下：MU10蒸压粉煤灰实心砖，Mb10水泥砂浆。

±0.000以上：MU10加气混凝土砌块（堆积密度≤8 kN/m³），Mb5混合砂浆。

4. 基础形式

详见基础布置图。

5. 构造要求

5.1 本工程结构制图规则采用《混凝土结构施工图平面整体表示方法制图规则和构造详图（现浇混凝土框架、剪力墙、梁、板）》（图集号16G101-1）。

5.2 梁、柱、剪力墙配筋构造措施及相关做法详见图集16G101-1。

5.3 混凝土保护层厚度c：地下室底板及外墙迎水面为50 mm；构件中受力钢筋的混凝土保护层厚度不应小于钢筋的公称直径（或等效直径）。

最外层钢筋（包括箍筋、构造筋、分布筋）的混凝土保护层厚度c及混凝土最大水胶比

环境类别		混凝土等级	c/mm	最大水胶比	环境类别	混凝土等级	c/mm	最大水胶比
板墙	一	≤C25	20	0.60	一	≤C25	25	0.60
		≥C30	15	0.60		≥C30	20	0.60
	二a	C25	25	0.55	梁柱 二a	C25	30	0.55
		≥C30	20	0.55		≥C30	25	0.55
	二b	≥C30	25	0.50	二b	≥C30	35	0.50
	三a	≥C35	30	0.45	三a	≥C35	40	0.45

5.4 受力钢筋抗震锚固长度 l_{aE} 和搭接长度 l_{lE} 按图集16G101-1选择。

其中梁板的同一连接区段内钢筋搭接接头面积百分率不大于25%，墙柱的同一连接区段内钢筋搭接接头面积百分率不大于50%。

5.5 主梁与次梁相交处，次梁每侧设置附加箍筋3道，箍筋强度等级、肢数及直径同主梁基本箍筋，具体做法详见首页（三）附图六。

S001		首页（一）

主梁与次梁相交处，主梁吊筋设置详见各层梁配筋图，具体做法详见首页（三）附图七。

主次梁同高时，次梁纵筋应置于主梁纵筋的内侧。

当次梁高度大于主梁时，构造措施详见首页（四）附图十四。

5.6 砌体与构造柱、柱、剪力墙的拉结：

5.6.1 非承重填充小型空心砌块墙体应按照通用标准图集《混凝土小型空心砌块填充墙建筑、结构构造》（14J102-2 14G614）的要求施工。

5.6.2 墙高超过4m或墙上遇有门窗洞口时，应分别在墙体半高处和外墙窗洞的上部及下部，内墙门洞上部设置与柱连接且沿墙贯通的现浇钢筋混凝土带。框架柱预埋钢筋φ10与钢筋混凝土带的纵向钢筋φ10连接。

5.6.3 当外墙位于悬挑梁上时，应在外墙端部设置构造柱或芯柱。

5.7 当混凝土墙作为梁的端支座时，梁纵向钢筋锚固长度l_a不应小于$1.15l_a$，其水平段要≥$0.45l_{aE}$。当水平段长度不满足时，为保证梁纵筋有可靠的锚固，上下纵筋弯折后需互焊。

5.8 现浇楼板，应将短向钢筋布置在外皮。

5.9 门窗洞过梁按附表1选取。

5.10 外墙转角、异形板阳角等楼板附加筋做法详见首页（三）和首页（四）中附图九～十一，悬挑板阴角构造详见图集16G101-1。

5.11 悬挑板厚度≥120mm，板下部筋除图中有特殊标注外，均为$\Phi8@150$。

5.12 当框架梁与剪力墙同宽时，梁纵向筋在距离柱边800mm处，以不大于1/25坡度向柱筋内侧伸入，做法详见首页（四）附图十五。

5.13 楼屋面留孔：当圆孔直径d及矩形孔洞宽b不大于300mm时，可将板钢筋绕过洞边。大于300mm时，洞口附加筋见结构平面布置图。

5.14 剪力墙上开洞，必须按照图集16G101-1采取洞口补强构造。当洞口直径或边长不大于300mm，洞口每侧补强钢筋采用$2\Phi12$；当洞口直径或边长大于300mm，不大于800mm时，洞口每侧补强钢筋采用$2\Phi18$；当洞口直径或边长大于800mm，结构则另行设计。

5.15 卫生间等有防水要求的楼地面应设置隔离层，在四周支撑处除门洞外应设置上翻边梁，做法详见首页（四）附图十七。

5.16 底层非承重墙（半砖墙）无特别布置结构基础时，按首页（三）附图三设置基础。

5.17 建筑门窗件，包括铝合金门窗埋件、爬梯、栏杆及吊顶埋件详见建施图。电、空调、水道等管道的吊筋均按设施、电施、讯施、动施的有关图纸施工。

6.施工注意事项

6.1 若基坑开挖后土层与地质报告不符，应会同建设单位、设计单位、勘察单位、监理单位研究处理。当采用机械挖土时，坑底应保留200～300mm厚用人工挖除整平，防止坑底扰动；挖至设计标高后，应立即浇捣垫层混凝土，基础结构工程结束后应及时回填。

6.2 地下室施工完毕混凝土达到强度后，基坑回填应采用素土或粗砂分层夯实（分层厚度<300mm），压实系数≥0.94，严禁采用建筑垃圾回填。

6.3 施工时必须严格控制施工荷载，不得超过设计使用荷载，若有超载必须采取加固措施。

6.4 悬挑构件及跨度大于8m的梁，混凝土强度达100%方可拆除模板支撑，并按照施工规范要求起拱。

6.5 连梁除结施图中注明外，预留孔洞管径不大于100，且必须预埋钢套管，其位置只准在首页（三）附图五中所示范围内留设，否则不准在上述梁中设洞。梁上不准竖向穿洞，混凝土墙上预留孔除结施图中注明外均须预埋铜套管。

6.6 管道穿楼板时，其孔洞小于φ300时，板受力钢筋绕过洞口不得切断，小于φ200的预留孔洞位置除结施图中标注外均须详见水施、设施等有关图纸。所有孔洞必须在施工时配合各专业图纸预留，不允许后凿。

6.7 预留孔洞的位置在满足上述结构要求下，应与各工种紧密配合施工。

6.8 二次浇筑管道，待管道安装完毕后，再将切断的钢筋等强度焊接并浇筑高一等级混凝土。

6.9 填充墙中的构造柱应先砌墙后浇筑混凝土。

6.10 钢筋必须符合冶金标准。钢筋焊接在选定各种参数并强度质量检验合格后，方可正式焊接。工程中要严格执行焊接操作工艺及检查制度，必须保证等强度焊接。钢筋如为搭接，应确保搭接长度。

6.11 除特别注明外，楼板下部受力钢筋伸入支座的锚固长度：在边支座不小于5d（d为钢筋直径），且不小于100mm；在中间支座伸至支座中心线。

6.12 基础厚板施工时，为防止混凝土的温度裂缝，应采取低温水泥，控制混凝土的浇筑温度，控制混凝土的内外温差不超过25℃。

6.13 设备基础及电梯基坑、井壁尺寸，均应与已订货产品样本核对无误后方可施工。电梯机房留洞及预埋件应配合电梯安装厂家施工。

6.14 钢筋规格应按设计要求采用，钢筋直径不得随意变动，钢筋代换应征得设计单位的同意。

6.15 后砌砖隔墙下无梁处，图中无特殊标注时，板底应附加筋4Φ12@50，附加筋两端伸入支座不小于200mm。

6.16 本工程各单位相互关系较为复杂，施工前应编制周密的施工组织方案，合理安排施工顺序，确保工程质量。

6.17 基坑开挖前应做好相应支护措施，在开挖过程中应组织好基坑排水，防止雨水流入。

6.18 施工时除满足设计要求外，还应考虑冬雨期施工措施，且必须满足现行国家及地方相关施工与验收规范、规程的规定。

6.19 未尽事宜按现行国家及地方的施工验收规范、规程执行。

7.其他说明

7.1 避雷接地：在柱内用4根钢筋自上至下电焊接通，下部与桩或接地网连通，上部与避雷系统连通，其具体位置要求见电施图。施工时应由专人负责。

7.2 在设计中采用通用图的构件，均需按图集的有关说明及要求执行。通用图目录见附表2。

7.3 建筑门、窗及洞口标高，应以建施图为准，核对无误后方可施工。

附表1

编号	墙厚/mm	洞口宽度/mm	过梁高h/mm	钢筋①	备注
GL100-1	100	950	150	2C10	
GL200-1	200	800	150	2C10	
GL200-2	200	900，1000	150	2C12	
GL200-3	200	1200	150	2C14	
GL200-4	200	1500	180	2C14	
GL200-5	200	1800	200	2C14	
GL300-1	300	900	150	3C12	
GL300-2	300	1500	200	3C14	

当过梁净跨度尺寸不满足上表时，应以尺寸相近的上限按表选择。

当过梁顶与框架梁相碰时，可与框架梁同时浇筑。

注：若洞口宽度超过附表1所规定的洞口宽度，或转角窗处无法架设过梁时，梁下设吊板，具体做法详见首页（二）附图二十一。

凡遇在柱或混凝土墙边开洞的，应在柱或混凝土墙中预留好过梁钢筋（锚入柱或混凝土墙内35d）。过梁在砖石砌体中每边支承长度不小于250mm。

附表2

序号	图集代号	图集名称	备注
1	11G329-1	建筑物抗震构造详图（多层和高层钢筋混凝土房屋）	国标
2	16G101-1	混凝土结构施工图平面整体表示方法制图规则和构造详图（现浇混凝土框架、剪力墙、梁、板）	国标
3	16G101-2	混凝土结构施工图平面整体表示方法制图规则和构造详图（现浇混凝土板式楼梯）	国标
4	16G101-3	混凝土结构施工图平面整体表示方法制图规则和构造详图（独立基础、条形基础、筏形基础、桩基础）	国标

8.选用计算软件及版本目录

序号	计算软件	版本
1	多层及高层建筑结构空间有限元分析与设计软件（SATWE）	2011年01月
2	基础工程计算机辅助设计软件（JCCAD）	2011年01月

S002	首页（二）

附图

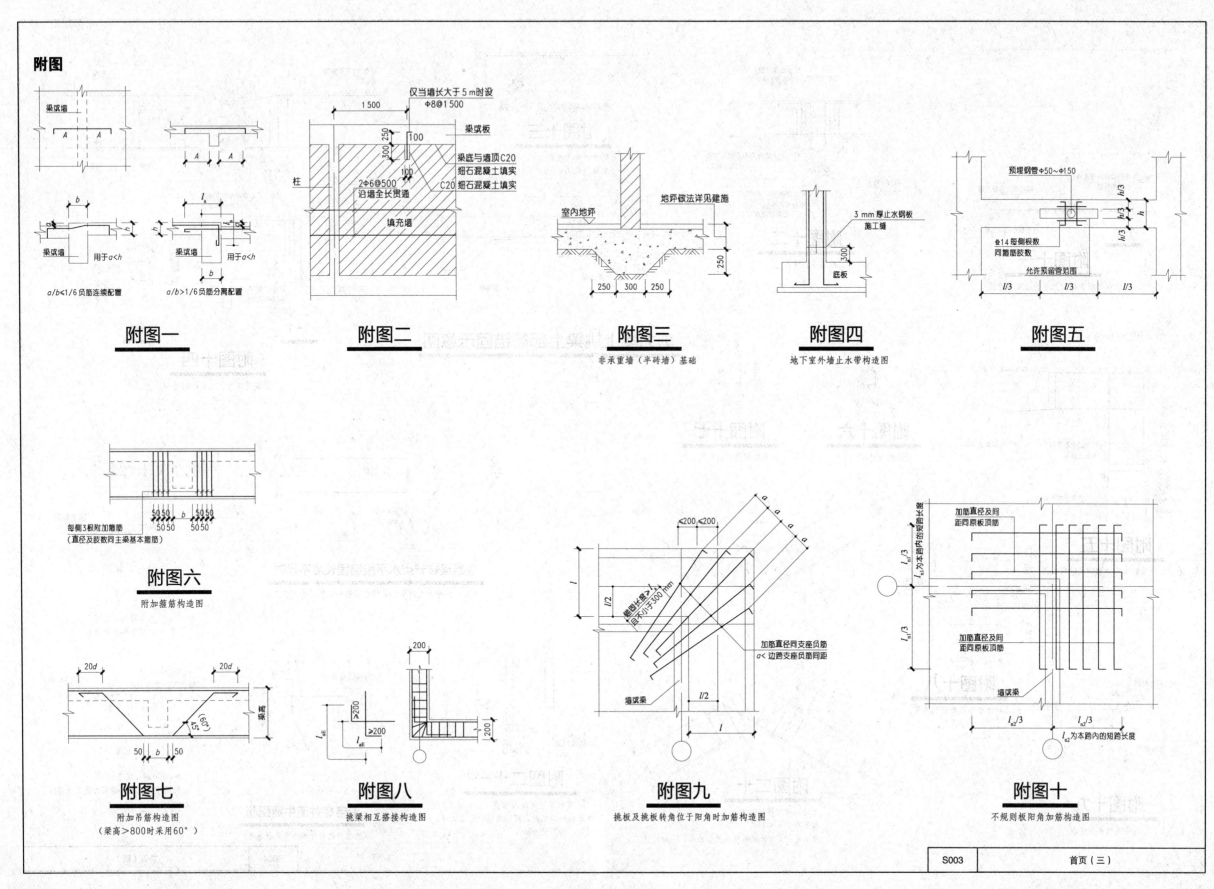

附图一
a/b<1/6负筋连续配置　a/b>1/6负筋分离配置

附图二
非承重墙（半砖墙）基础

附图三
地坪做法详见建施

附图四
地下室外墙止水带构造图

附图五

附图六
附加箍筋构造图

附图七
附加吊筋构造图
（梁高>800时采用60°）

附图八
挑梁相互搭接构造图

附图九
挑板及挑板转角位于阳角时加筋构造图

附图十
不规则板阳角加筋构造图

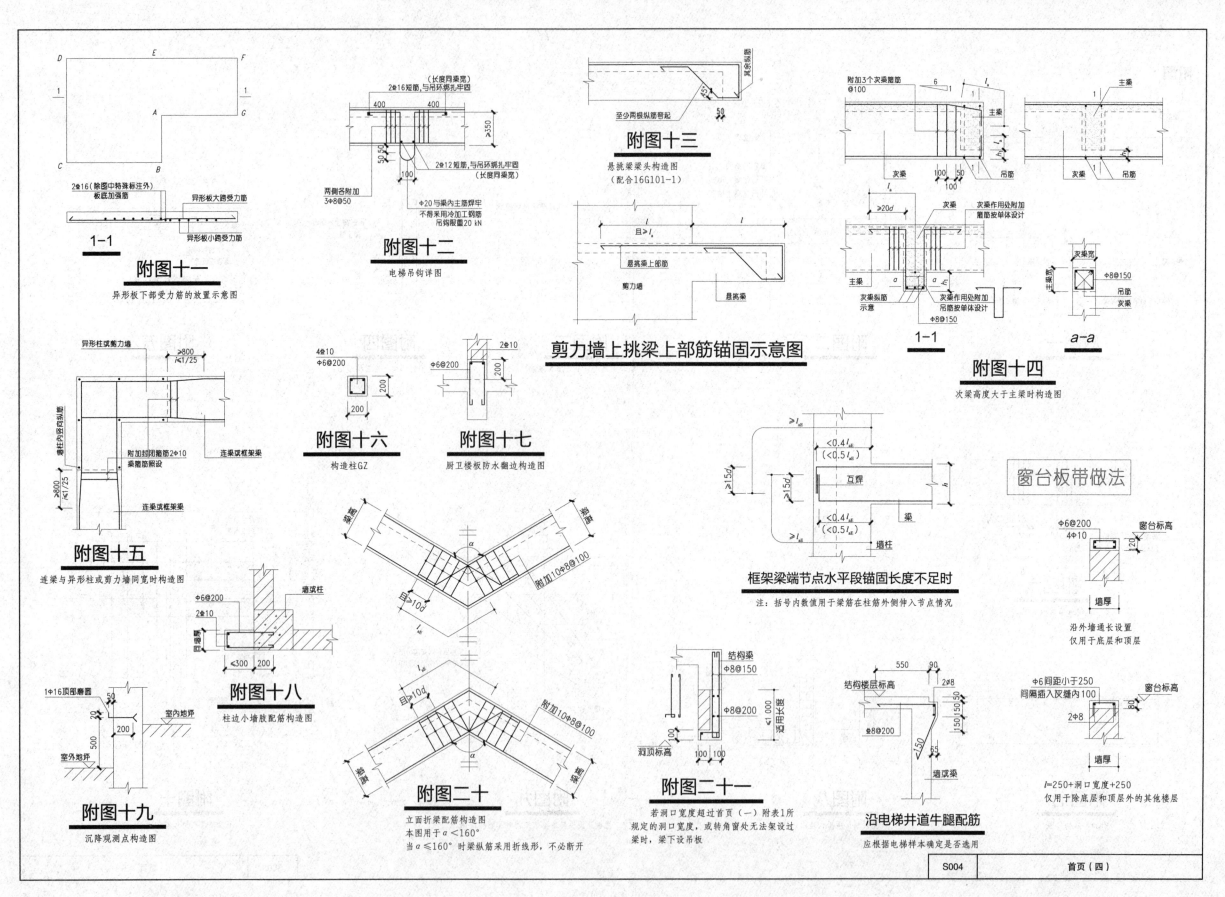

附图十一
异形板下部受力筋的放置示意图

附图十二
电梯吊钩详图

附图十三
悬挑梁梁头构造图
（配合16G101-1）

剪力墙上挑梁上部筋锚固示意图

附图十四
次梁高度大于主梁时构造图

附图十五
连梁与异形柱或剪力墙同宽时构造图

附图十六
构造柱GZ

附图十七
厨卫楼板防水翻边构造图

框架梁端节点水平段锚固长度不足时
注：括号内数值用于梁筋在柱筋外侧伸入节点情况

窗台板带做法

沿外墙通长设置
仅用于底层和顶层

$l=250+$洞口宽度$+250$
仅用于除底层和顶层外的其他楼层

附图十八
柱边小墙肢配筋构造图

附图十九
沉降观测点构造图

附图二十
立面折梁配筋构造图
本图用于$a<160°$
当$a≤160°$时梁纵筋采用折线形，不必断开

附图二十一
若洞口宽度超过首页（一）附表1所
规定的洞口宽度，或转角窗处无法架过
梁时，梁下设吊板

沿电梯井道牛腿配筋
应根据电梯样本确定是否选用

S004　　　首页（四）

6

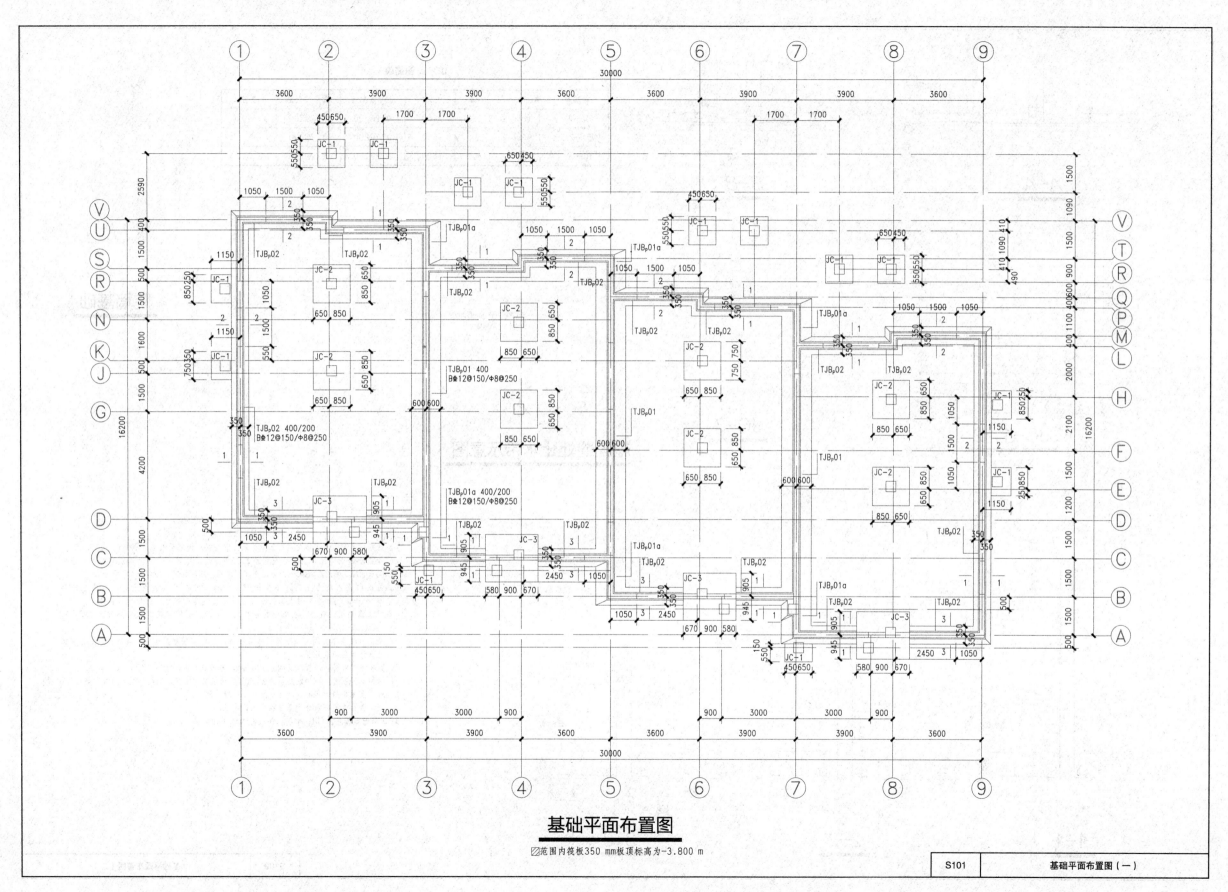

基础平面布置图

▨范围内筏板350 mm板顶标高为-3.800 m

| S101 | 基础平面布置图（一） |

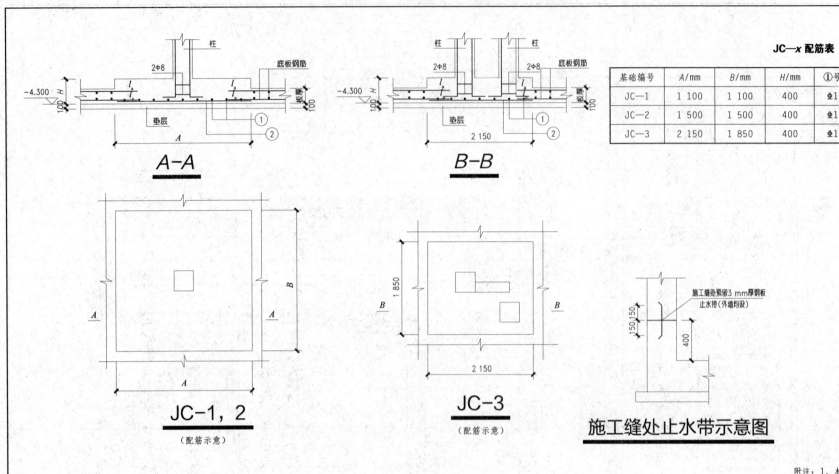

JC—x 配筋表

基础编号	A/mm	B/mm	H/mm	①号筋配筋	②号筋配筋	备注
JC—1	1 100	1 100	400	⽟12@200	⽟12@200	
JC—2	1 500	1 500	400	⽟12@200	⽟12@200	
JC—3	2 150	1 850	400	⽟12@150	⽟12@150	

A-A　　　B-B

JC-1，2
（配筋示意）

JC-3
（配筋示意）

施工缝处止水带示意图

院墙基础

附注：1. 材料：
　混凝土强度等级：基础C30，垫层C15。
　钢筋：HPB300（Φ），HRB335（⽟），HRB400（⽟）。
2. 本工程±0.000相当于绝对标高见S105中各单体。
3. 基础持力层为⑨强风化灰岩—中等风化灰岩层，地基承载力标准值 f_{ak}=450 kPa。
　如基础遇中等风化白云岩与粉质黏土交界处，中等风化白云岩层自基底。下挖
　0.5 m后，采用2:8灰土，分层夯实回填至基础底标高，压实系数≥0.95。
4. 基础须座入持力土层内不少于200 mm。当采用机械挖土时，坑底应保留
　200～300 mm厚土用人工挖除整平，防止坑底土扰动。挖至设计标高后，应立
　即浇捣垫层混凝土。基础结构工程结束后应及时按《建筑地基基础设计规范》
　（GB 50007—2011）要求回填。
5. 地基开槽后若土质与工程地质报告不符，应会同勘察单位、建设单位、监理单位
　及设计单位研究处理。
6. 除特别注明外，底板厚度均为300 mm，基础底标高均为-4.300 m。
7. 除特别注明外，底板配筋均为⽟12@200双层双向钢筋，图纸绘制为附加钢筋。
8. 地下室采用防水混凝土，混凝土抗渗等级为P6。
9. 未定位独立基础及条形基础均沿轴线中分。
10. 基础板底垫层100 mm厚，伸出板边100 mm。

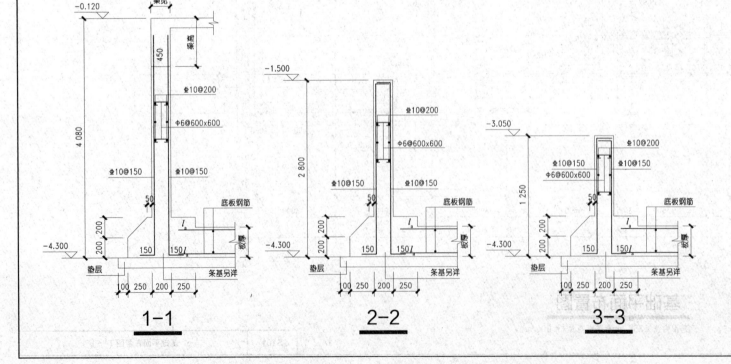

1-1　　　2-2　　　3-3

| S102 | 基础平面布置图（二） |

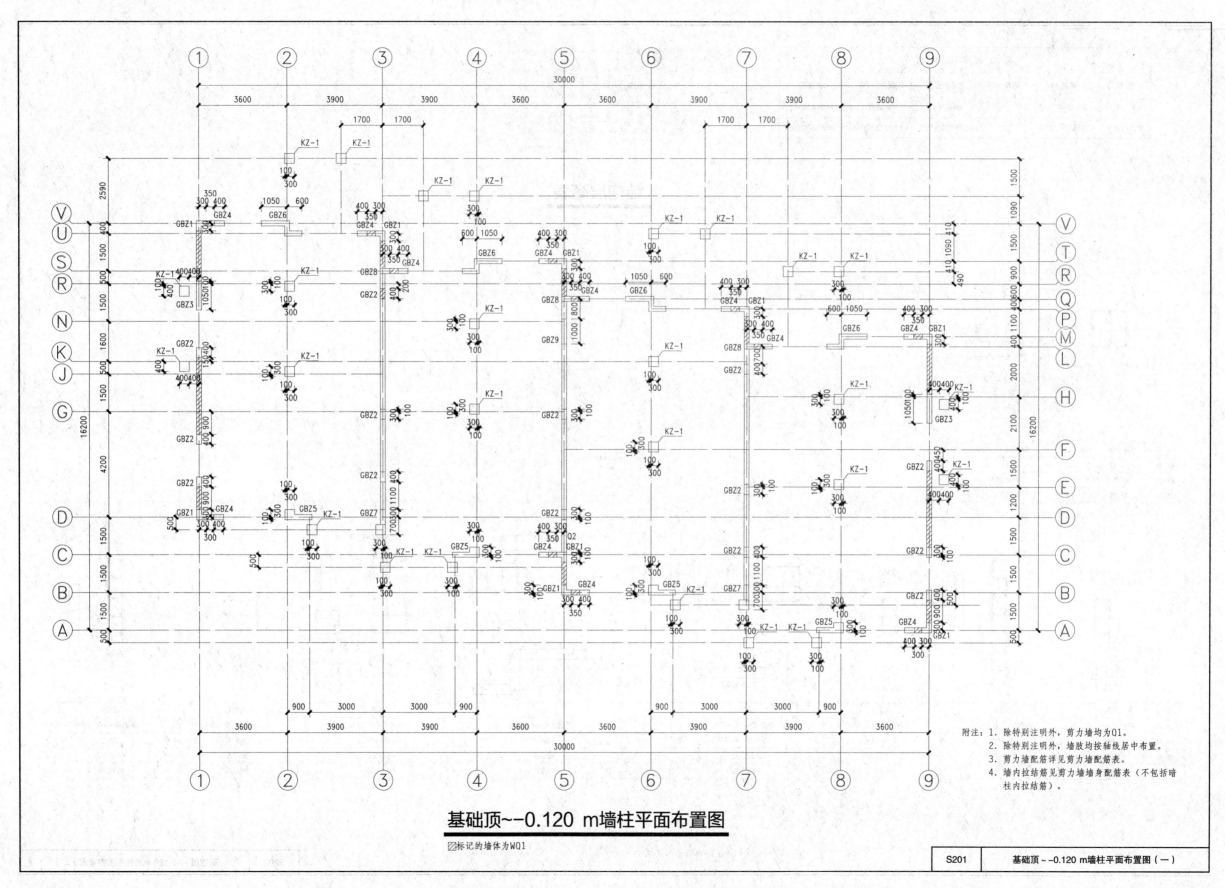

基础顶~-0.120 m墙柱平面布置图

☒标记的墙体为WQ1

附注：1. 除特别注明外，剪力墙均为Q1。
　　　2. 除特别注明外，墙肢均按轴线居中布置。
　　　3. 剪力墙配筋详见剪力墙配筋表。
　　　4. 墙内拉结筋见剪力墙墙身配筋表（不包括暗柱内拉结筋）。

S201	基础顶~-0.120 m墙柱平面布置图（一）

剪力墙身配筋表

编号	标高/m	墙厚/mm	水平分布筋	竖向分布筋	拉结筋
Q1（2排）	基础顶~-0.120	200	Φ8@200	Φ8@200	Φ6@600@600
WQ1（2排）	基础顶~-0.120	200	Φ10@200（内侧）	Φ10@150（外侧）	Φ6@600@600

屋面	屋面		C30	C30
3	6.180			C30
		3.000		
2	3.180			C30
		3.200	C30	
1	-0.120			C30
		3.580	C30	
基础顶	-3.700			
层号	标高/m	层高/m	墙柱	梁板
			混凝土强度等级	

结构层高表

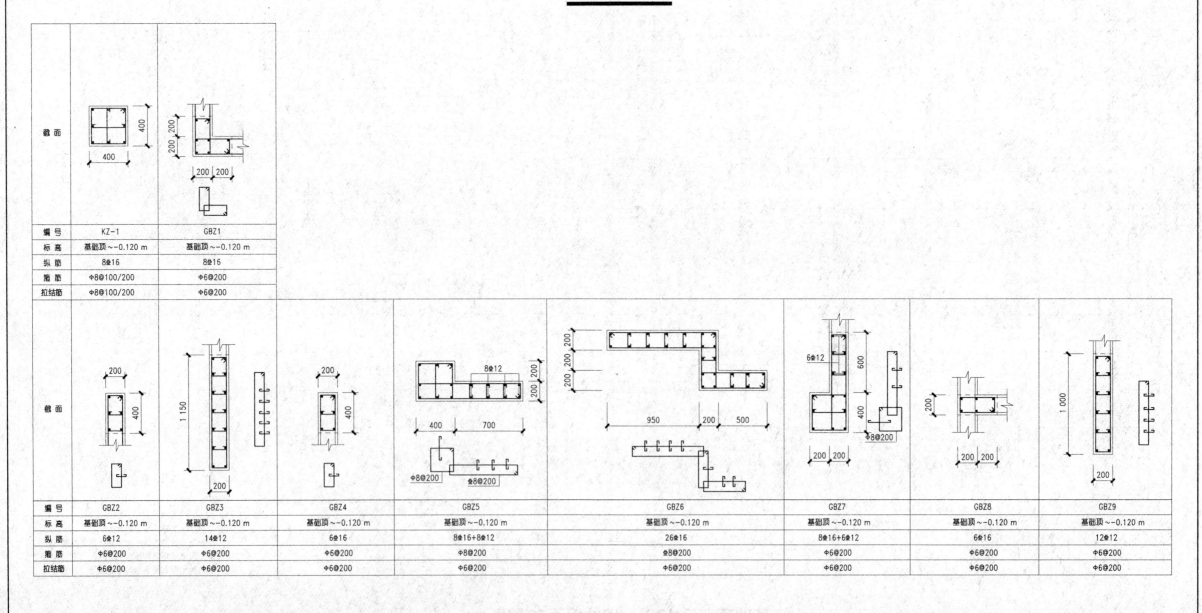

编号	KZ-1	GBZ1
标高	基础顶~-0.120 m	基础顶~-0.120 m
纵筋	8⌀16	8⌀16
箍筋	Φ8@100/200	Φ6@200
拉结筋	Φ8@100/200	Φ6@200

编号	GBZ2	GBZ3	GBZ4	GBZ5	GBZ6	GBZ7	GBZ8	GBZ9
标高	基础顶~-0.120 m	基础顶~-0.120 m	基础顶~-0.120 m	基础顶~-0.120 m	基础顶~-0.120 m	基础顶~-0.120 m	基础顶~-0.120 m	基础顶~-0.120 m
纵筋	6⌀12	14⌀12	6⌀16	8⌀16+8⌀12	26⌀16	8⌀16+6⌀12	6⌀16	12⌀12
箍筋	Φ6@200	Φ6@200	Φ6@200	Φ8@200	⌀8@200	Φ6@200	Φ6@200	Φ6@200
拉结筋	Φ6@200	Φ6@200	Φ6@200	Φ6@200	Φ6@200	Φ6@200	Φ6@200	Φ6@200

S202	基础顶~-0.120 m墙柱平面布置图（二）

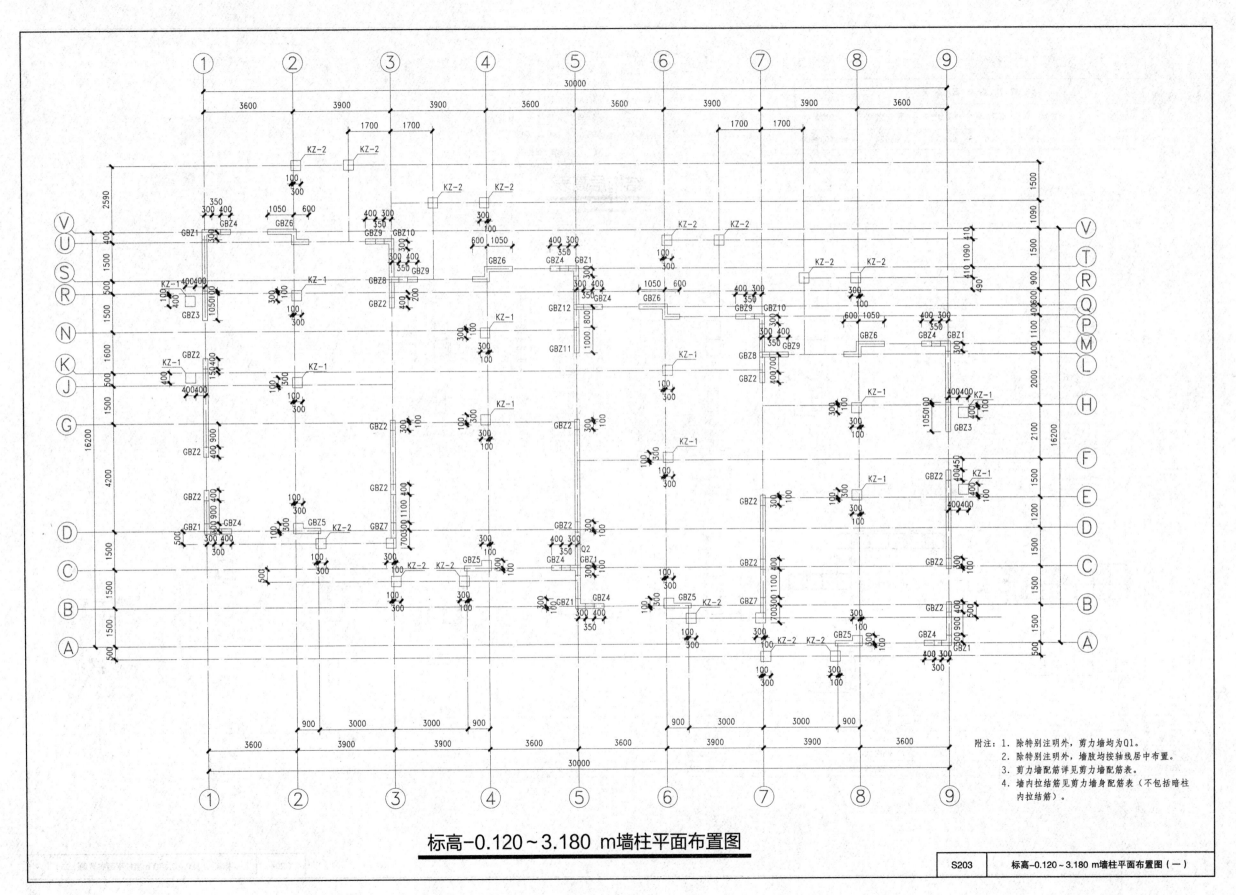

标高-0.120~3.180 m墙柱平面布置图

附注：1. 除特别注明外，剪力墙均为Q1。
2. 除特别注明外，墙肢均按轴线居中布置。
3. 剪力墙配筋详见剪力墙配筋表。
4. 墙内拉结筋见剪力墙身配筋表（不包括暗柱
　　内拉结筋）。

| S203 | 标高-0.120~3.180 m墙柱平面布置图（一） |

剪 力 墙 身 配 筋 表

编号	标高/m	墙厚/mm	水平分布筋	竖向分布筋	拉结筋
Q1（2排）	-0.120~3.180	200	⊈8@200	⊈8@200	Φ6@600@600

屋面	屋面				C30
3	6.180				C30
2	3.180	3.000	C30		C30
1	-0.120	3.200			C30
基础顶	-3.700	3.580	C30		
层号	标高/m	层高/m	墙柱	梁板	
			混凝土强度等级		

结构层高表

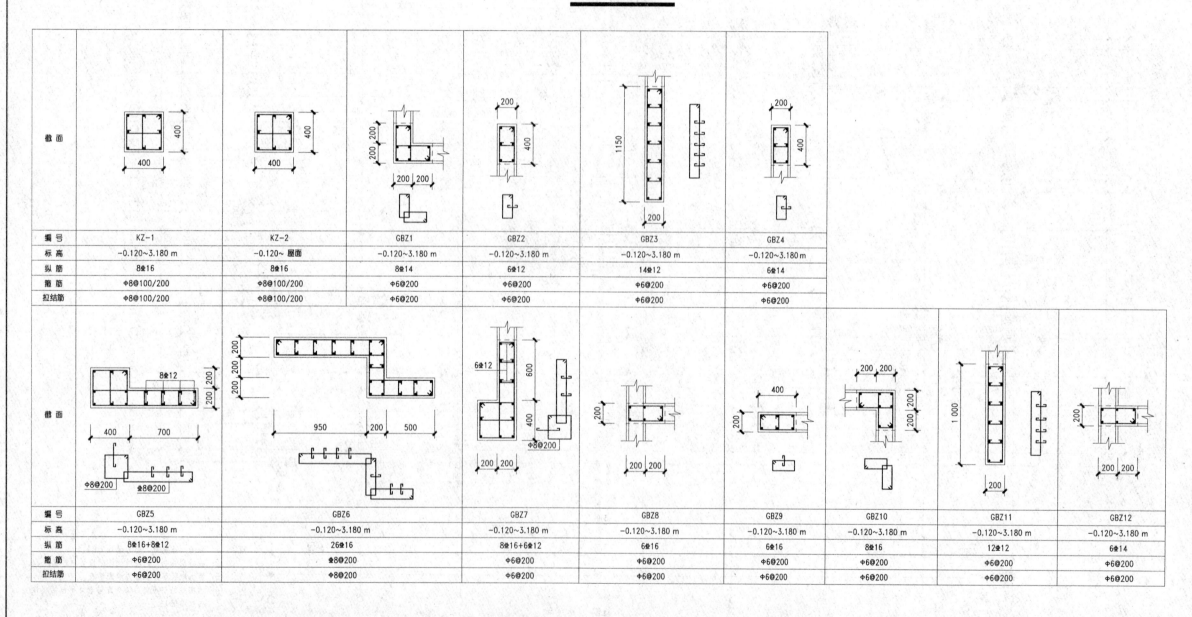

截 面					
编 号	KZ-1	KZ-2	GBZ1	GBZ2	GBZ3	GBZ4
标 高	-0.120~3.180 m	-0.120~屋面	-0.120~3.180 m	-0.120~3.180 m	-0.120~3.180 m	-0.120~3.180 m
纵 筋	8⊈16	8⊈16	8⊈14	6⊈12	14⊈12	6⊈14
箍 筋	Φ8@100/200	Φ8@100/200	Φ6@200	Φ6@200	Φ6@200	Φ6@200
拉结筋	Φ8@100/200	Φ8@100/200	Φ6@200	Φ6@200	Φ6@200	Φ6@200

截 面						
编 号	GBZ5	GBZ6	GBZ7	GBZ8	GBZ9	GBZ10	GBZ11	GBZ12
标 高	-0.120~3.180 m	-0.120~3.180 m	-0.120~3.180 m	-0.120~3.180 m	-0.120~3.180 m	-0.120~3.180 m	-0.120~3.180 m	-0.120~3.180 m
纵 筋	8⊈16+8⊈12	26⊈16	8⊈16+6⊈12	6⊈16	6⊈16	8⊈16	12⊈12	6⊈14
箍 筋	Φ6@200	⊈8@200	Φ6@200	Φ6@200	Φ6@200	Φ6@200	Φ6@200	Φ6@200
拉结筋	Φ6@200	⊈8@200	Φ6@200	Φ6@200	Φ6@200	Φ6@200	Φ6@200	Φ6@200

S204	标高-0.120~3.180 m墙柱平面布置图（二）

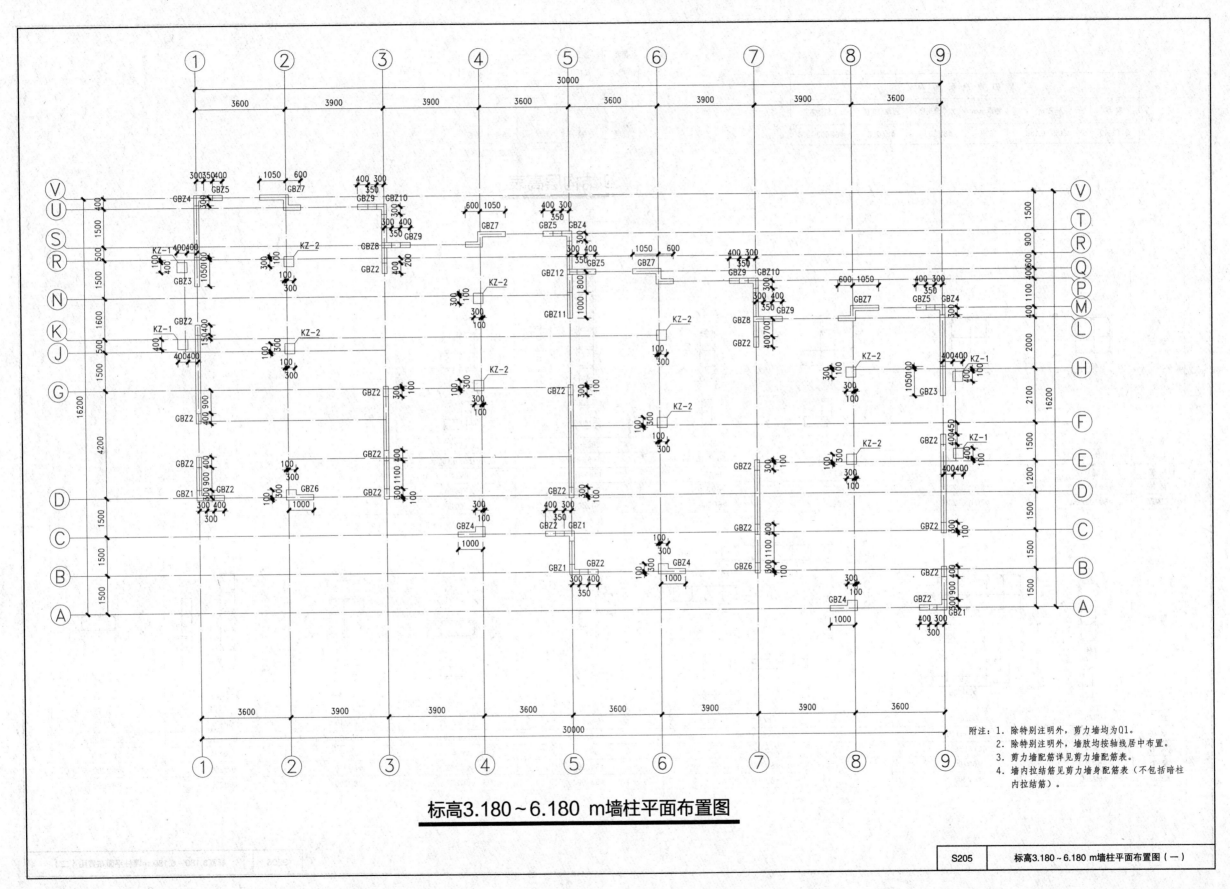

标高3.180~6.180 m墙柱平面布置图

附注：1. 除特别注明外，剪力墙均为Q1。
2. 除特别注明外，墙肢均按轴线居中布置。
3. 剪力墙配筋详见剪力墙配筋表。
4. 墙内拉结筋见剪力墙身配筋表（不包括暗柱内拉结筋）。

| S205 | 标高3.180~6.180 m墙柱平面布置图（一） |

13

剪 力 墙 身 配 筋 表

编号	标高/m	墙厚/mm	水平分布筋	竖向分布筋	拉结筋
Q1(2排)	3.180~6.180	200	Φ8@200	Φ8@200	Φ6@600@600

	屋面	屋面			C30		C30
3	6.180			3.000	C30		C30
2	3.180			3.200	C30		C30
1	-0.120			3.580	C30		C30
基础顶层号	-3.700	标高/m	层高/m		墙柱		梁板

混凝土强度等级

结构层高表

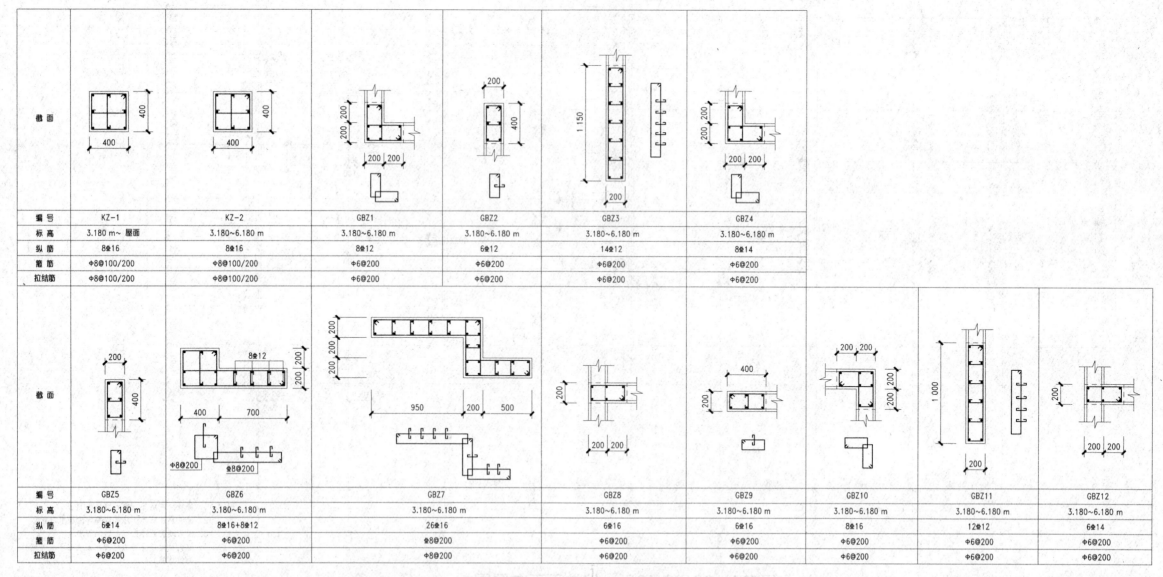

编号	KZ-1	KZ-2	GBZ1	GBZ2	GBZ3	GBZ4
标高	3.180 m~ 屋面	3.180~6.180 m	3.180~6.180 m	3.180~6.180 m	3.180~6.180 m	3.180~6.180 m
纵筋	8Φ16	8Φ16	8Φ12	6Φ12	14Φ12	8Φ14
箍筋	Φ8@100/200	Φ8@100/200	Φ6@200	Φ6@200	Φ6@200	Φ6@200
拉结筋	Φ8@100/200	Φ8@100/200	Φ6@200	Φ6@200	Φ6@200	Φ6@200

编号	GBZ5	GBZ6	GBZ7	GBZ8	GBZ9	GBZ10	GBZ11	GBZ12
标高	3.180~6.180 m	3.180~6.180 m	3.180~6.180 m	3.180~6.180 m	3.180~6.180 m	3.180~6.180 m	3.180~6.180 m	3.180~6.180 m
纵筋	6Φ14	8Φ16+8Φ12	26Φ16	6Φ16	6Φ16	8Φ16	12Φ12	6Φ14
箍筋	Φ6@200	Φ6@200	Φ8@200	Φ6@200	Φ6@200	Φ6@200	Φ6@200	Φ6@200
拉结筋	Φ6@200	Φ6@200	Φ8@200	Φ6@200	Φ6@200	Φ6@200	Φ6@200	Φ6@200

S206	标高3.180~6.180 m墙柱平面布置图（二）

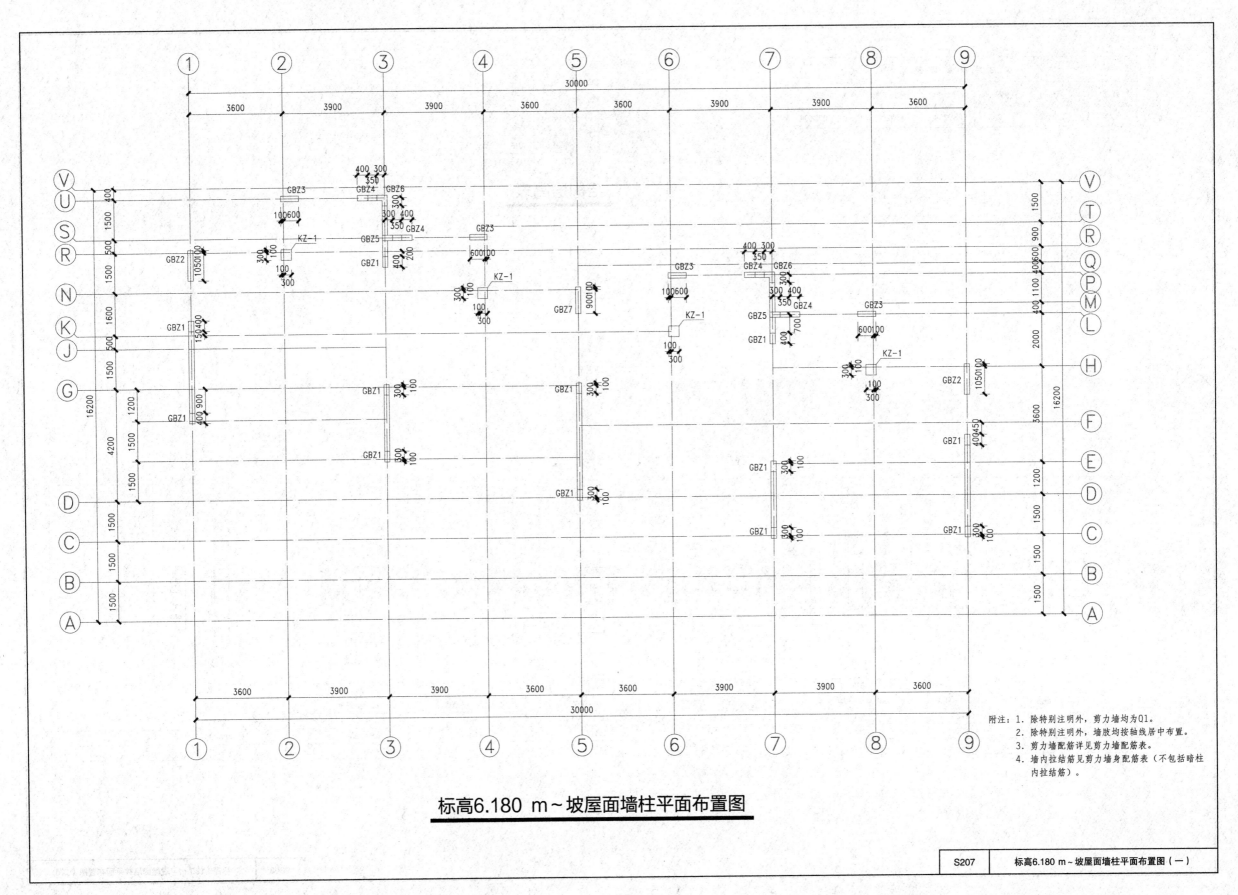

标高6.180 m～坡屋面墙柱平面布置图

附注：1. 除特别注明外，剪力墙均为Q1。
2. 除特别注明外，墙肢均按轴线居中布置。
3. 剪力墙配筋详见剪力墙配筋表。
4. 墙内拉结筋见剪力墙身配筋表（不包括暗柱内拉结筋）。

<table>
<tr><th colspan="6">剪 力 墙 身 配 筋 表</th></tr>
<tr><td>编 号</td><td>标高/m</td><td>墙厚/mm</td><td>水平分布筋</td><td>竖向分布筋</td><td>拉结筋</td></tr>
<tr><td>Q1(2排)</td><td>6.180~屋面</td><td>200</td><td>⊕8@200</td><td>⊕8@200</td><td>Φ6@600@600</td></tr>
</table>

屋面	屋面		C30	C30
3	6.180	3.000	C30	C30
2	3.180	3.200	C30	C30
1	-0.120	3.580	C30	C30
基础顶	-3.700			
层号	标高/m	层高/m	墙柱	梁板
			混凝土强度等级	

结构层高表

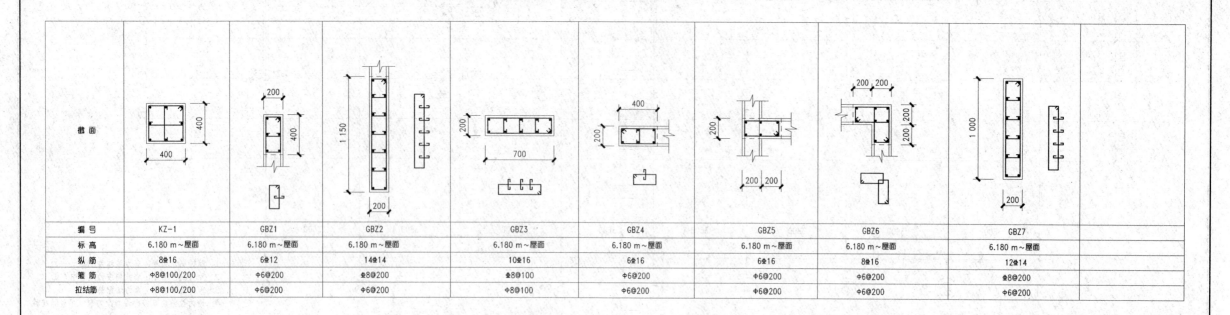

截面								
编 号	KZ-1	GBZ1	GBZ2	GBZ3	GBZ4	GBZ5	GBZ6	GBZ7
标 高	6.180 m~屋面	6.180 m~屋面	6.180 m~屋面	6.180 m~屋面	6.180 m~屋面	6.180 m~屋面	6.180 m~屋面	6.180 m~屋面
纵 筋	8⊕16	6⊕12	14⊕14	10⊕16	6⊕16	6⊕16	8⊕16	12⊕14
箍 筋	Φ8@100/200	Φ6@200	⊕8@200	⊕8@100	Φ6@200	Φ6@200	Φ6@200	⊕8@200
拉结筋	Φ8@100/200	Φ6@200	Φ6@200	Φ8@100	Φ6@200	Φ6@200	Φ6@200	Φ6@200

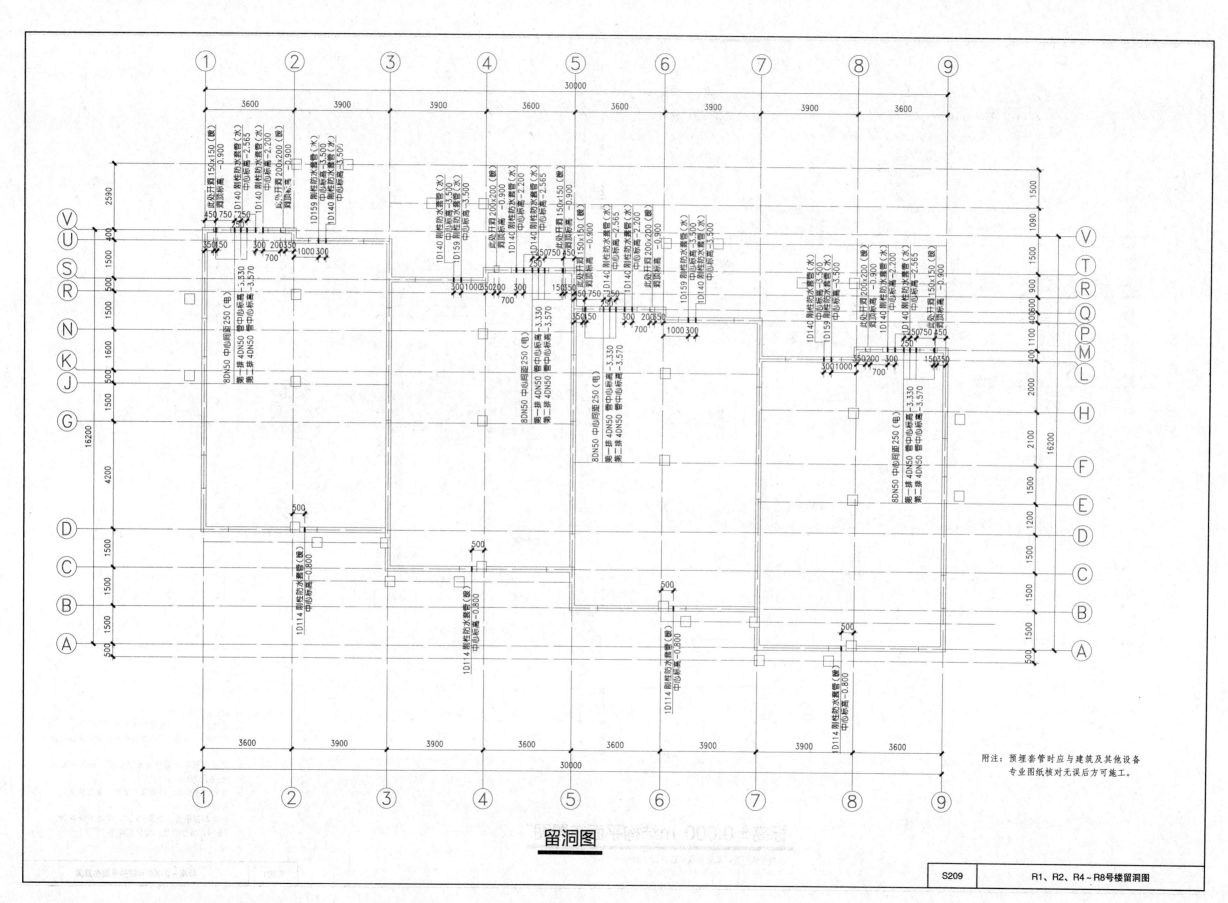

留洞图

附注：预埋套管时应与建筑及其他设备专业图纸核对无误后方可施工。

S209	R1、R2、R4～R8号楼留洞图

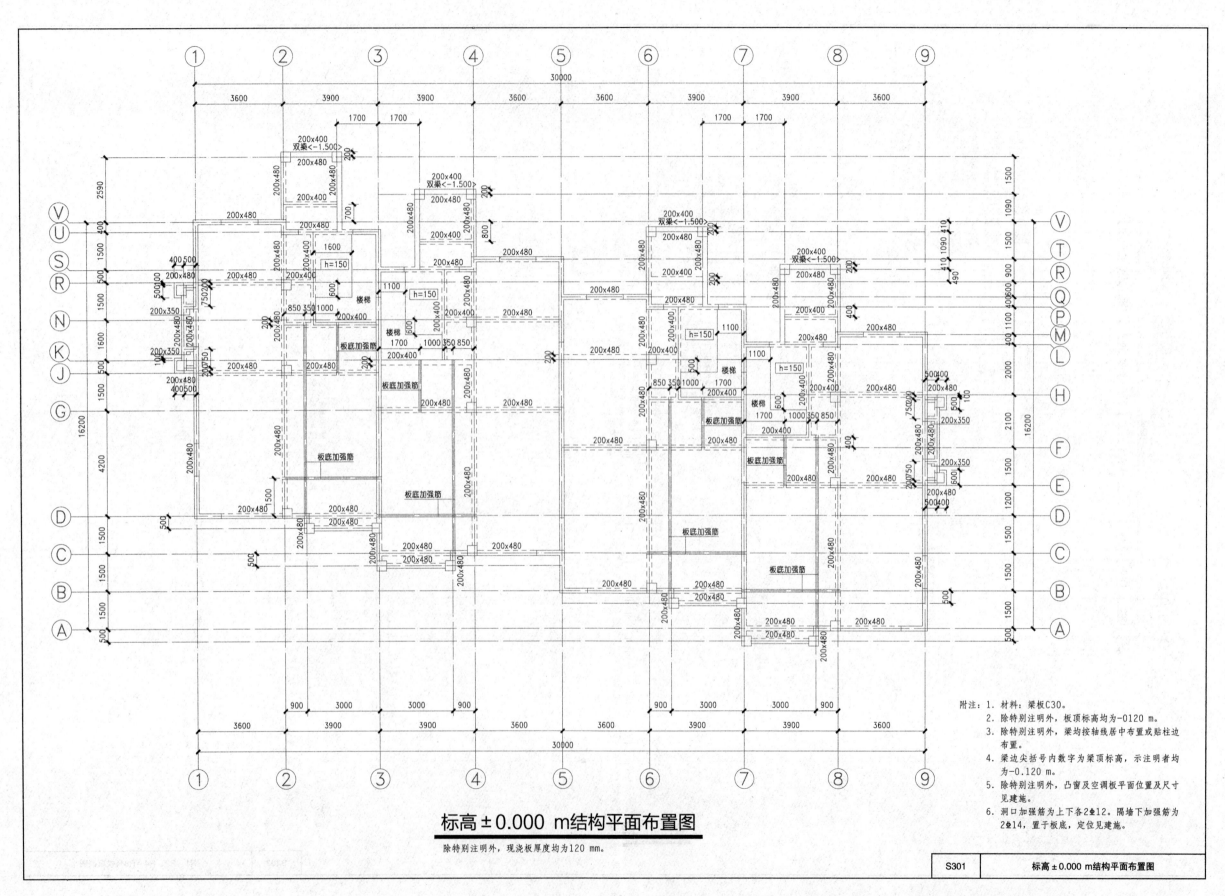

标高±0.000 m结构平面布置图

除特别注明外，现浇板厚度均为120 mm。

附注：1. 材料：梁板C30。
2. 除特别注明外，板顶标高均为-0120 m。
3. 除特别注明外，梁均按轴线居中布置或贴柱边布置。
4. 梁边尖括号内数字为梁顶标高，示注明者均为-0.120 m。
5. 除特别注明外，凸窗及空调板平面位置及尺寸见建施。
6. 洞口加强筋为上下各2Φ12。隔墙下加强筋为2Φ14，置于板底，定位见建施。

| S301 | 标高±0.000 m结构平面布置图 |

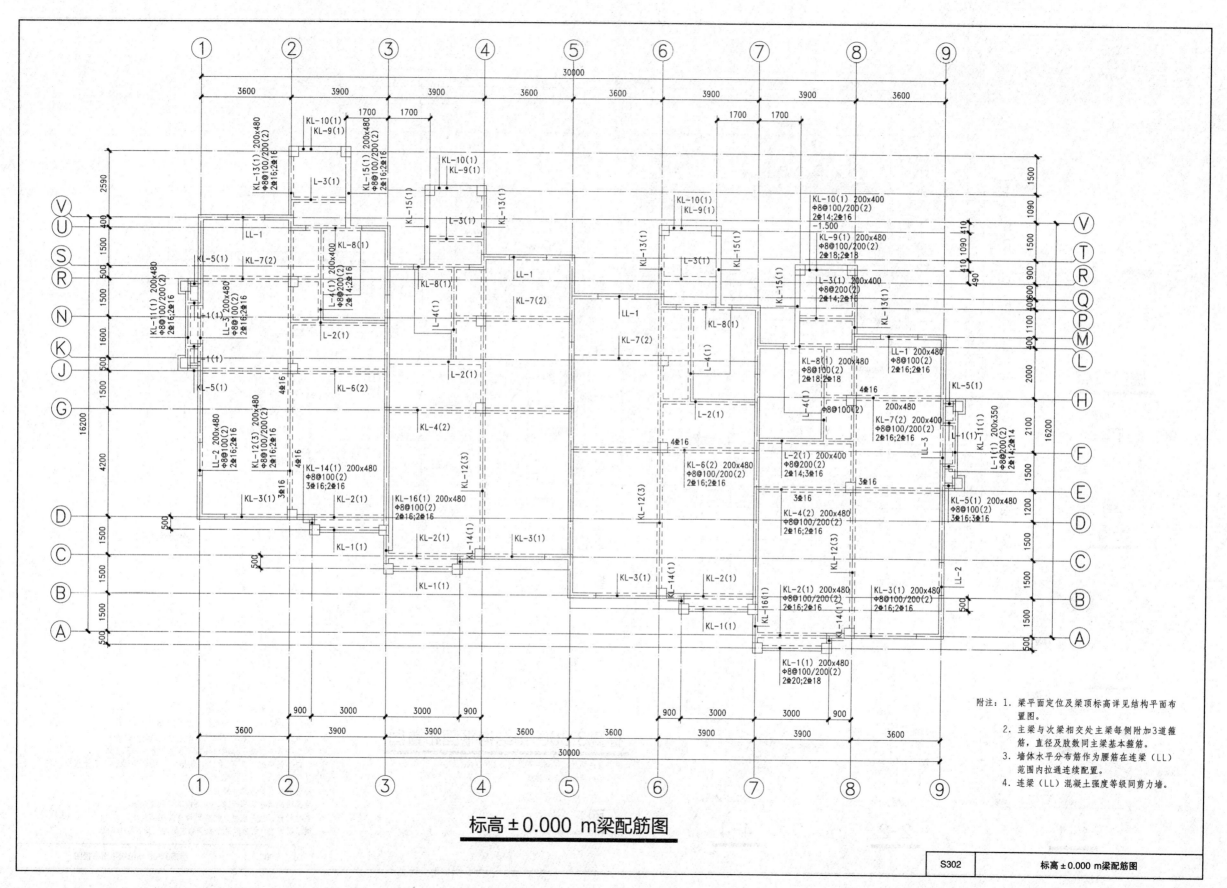

标高 ± 0.000 m梁配筋图

附注：1. 梁平面定位及梁顶标高详见结构平面布置图。
2. 主梁与次梁相交处主梁每侧附加3道箍筋，直径及肢数同主梁基本箍筋。
3. 墙体水平分布筋作为腰筋在连梁（LL）范围内拉通连续配置。
4. 连梁（LL）混凝土强度等级同剪力墙。

| S302 | 标高 ± 0.000 m梁配筋图 |

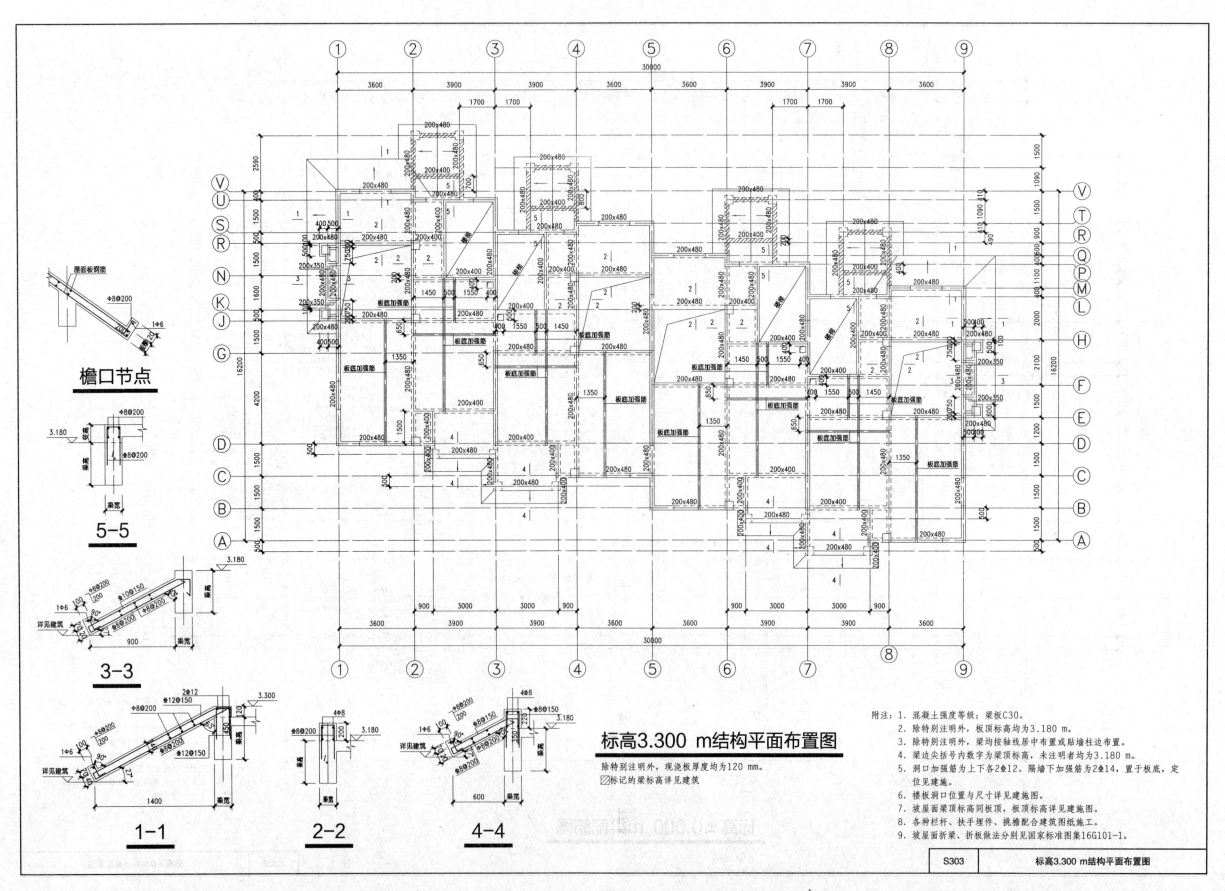

檐口节点

5-5

3-3

1-1

2-2

4-4

标高3.300 m结构平面布置图

除特别注明外，现浇板厚度均为120 mm。

▨标记的梁标高详见建筑

附注：1. 混凝土强度等级：梁板C30。
2. 除特别注明外，板顶标高均为3.180 m。
3. 除特别注明外，梁均按轴线居中布置或贴墙柱边布置。
4. 梁边尖括号内数字为梁顶标高，未注明者均为3.180 m。
5. 洞口加强筋为上下各2Φ12。隔墙下加强筋为2Φ14，置于板底，定位见建施。
6. 楼板洞口位置与尺寸详见建施图。
7. 坡屋面梁顶标高同板顶，板顶标高详见建施图。
8. 各种栏杆、扶手埋件、挑檐配合建筑图纸施工。
9. 坡屋面折梁、折板做法分别见国家标准图集16G101-1。

| S303 | 标高3.300 m结构平面布置图 |

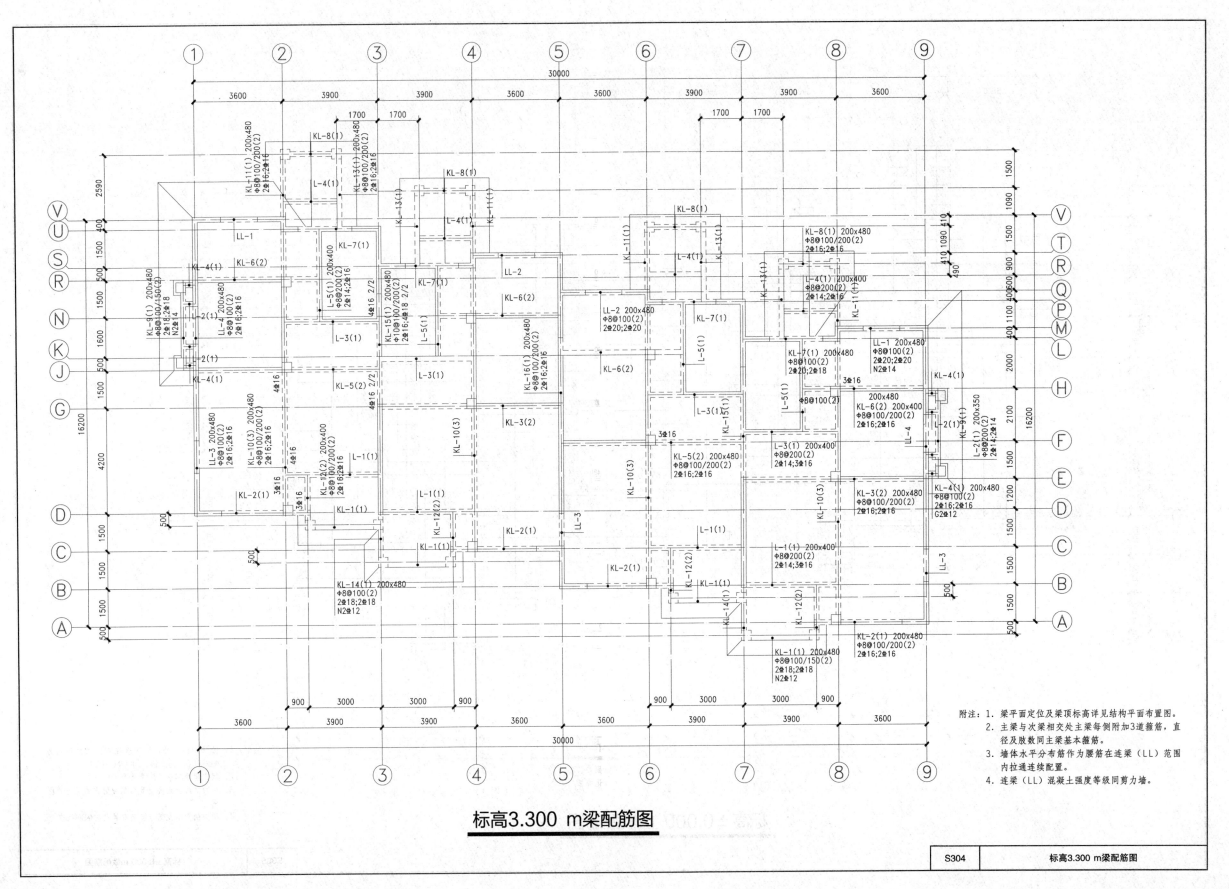

标高3.300 m梁配筋图

附注：1. 梁平面定位及梁顶标高详见结构平面布置图。
　　　2. 主梁与次梁相交处主梁每侧附加3道箍筋，直径及肢数同主梁基本箍筋。
　　　3. 墙体水平分布筋作为腰筋在连梁（LL）范围内拉通连续配置。
　　　4. 连梁（LL）混凝土强度等级同剪力墙。

| S304 | 标高3.300 m梁配筋图 |

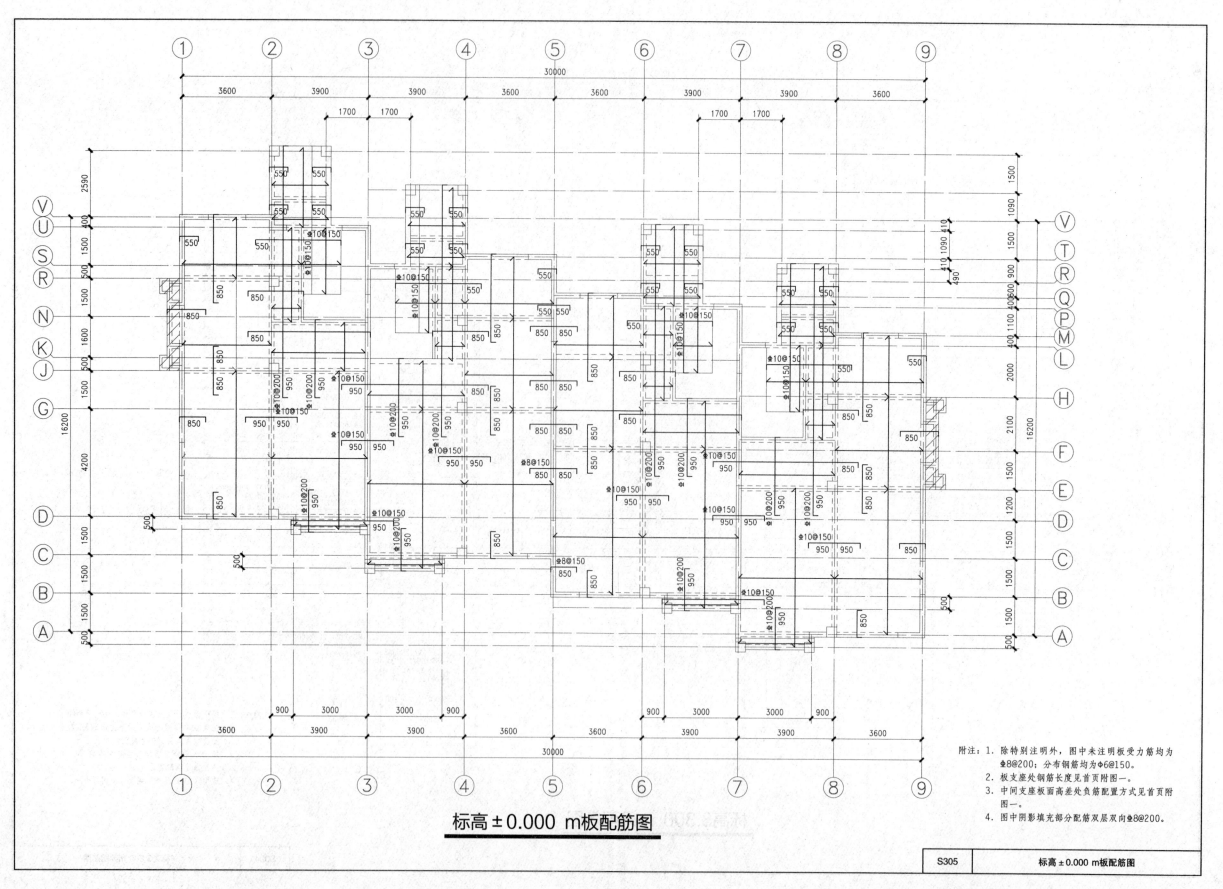

标高±0.000 m板配筋图

附注：1. 除特别注明外，图中未注明板受力筋均为
Φ8@200；分布钢筋均为Φ6@150。
2. 板支座处钢筋长度见首页附图一。
3. 中间支座板面高差处负筋配置方式见首页附
图一。
4. 图中阴影填充部分配筋双层双向Φ8@200。

S305	标高±0.000 m板配筋图

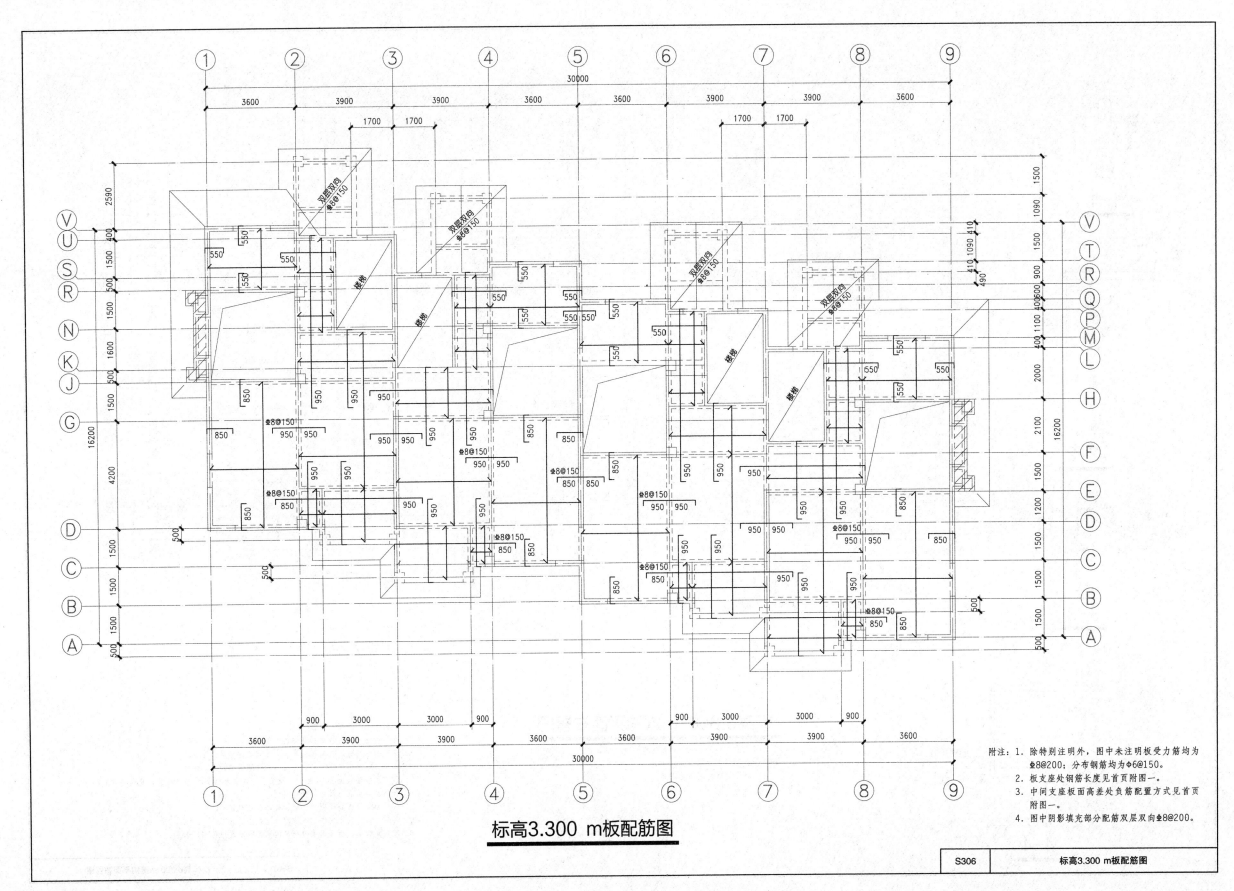

标高3.300 m板配筋图

附注: 1. 除特别注明外, 图中未注明板受力筋均为
          Φ8@200; 分布钢筋均为Φ6@150。
       2. 板支座处钢筋长度见首页附图一。
       3. 中间支座板面高差处负筋配置方式见首页
          附图一。
       4. 图中阴影填充部分配筋双层双向Φ8@200。

| S306 | 标高3.300 m板配筋图 |

23

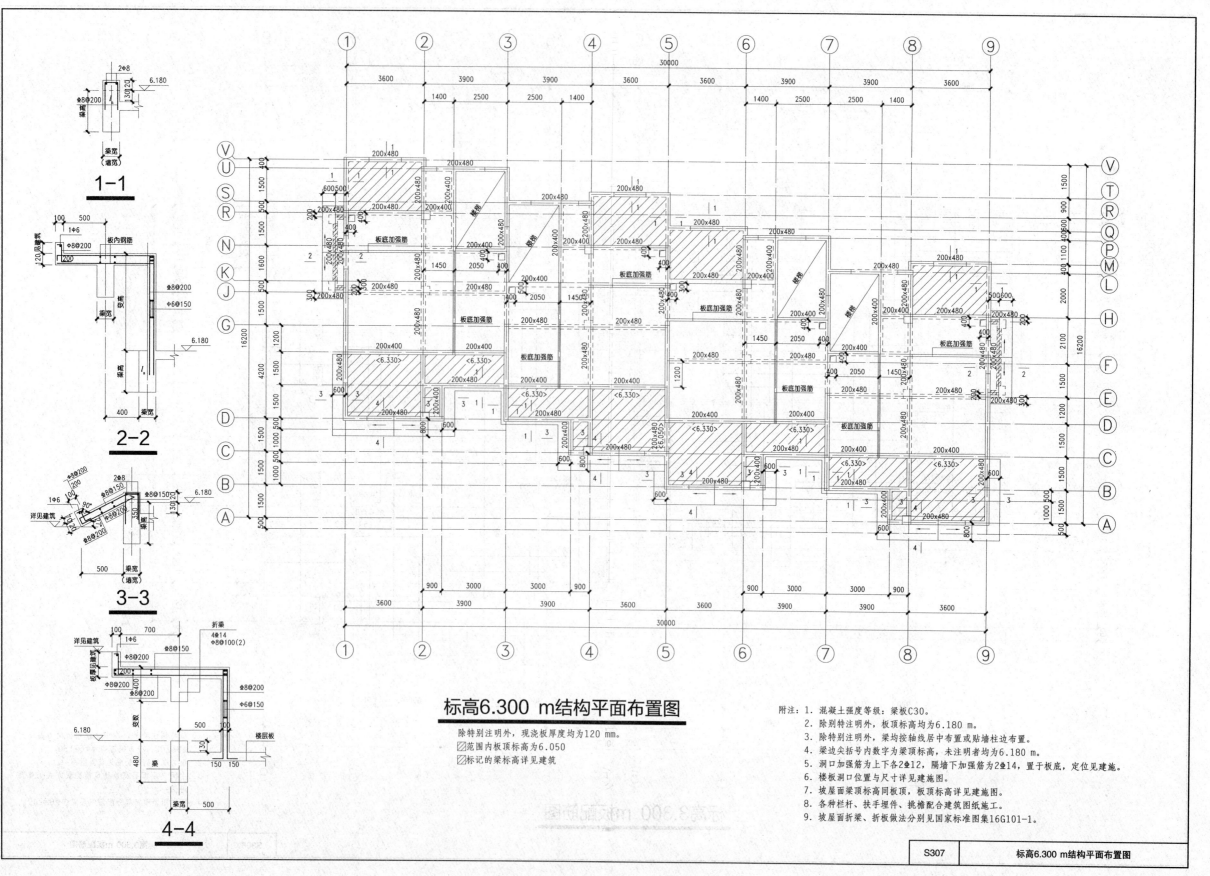

标高6.300 m结构平面布置图

除特别注明外，现浇板厚度均为120 mm。
☑范围内板顶标高为6.050
☑标记的梁标高详见建筑

附注：1. 混凝土强度等级：梁板C30。
2. 除别特注明外，板顶标高均为6.180 m。
3. 除特别注明外，梁均按轴线居中布置或贴墙柱边布置。
4. 梁边尖括号内数字为梁顶标高，未注明者均为6.180 m。
5. 洞口加强筋为上下各2Φ12，隔墙下加强筋为2Φ14，置于板底，定位见建施。
6. 楼板洞口位置与尺寸详见建施图。
7. 坡屋面梁顶标高同板顶，板顶标高详见建筑图。
8. 各种栏杆、扶手埋件、挑檐配合建筑图纸施工。
9. 坡屋面折梁、折板做法分别见国家标准图集16G101-1。

1-1

2-2

3-3

4-4

| S307 | 标高6.300 m结构平面布置图 |

24

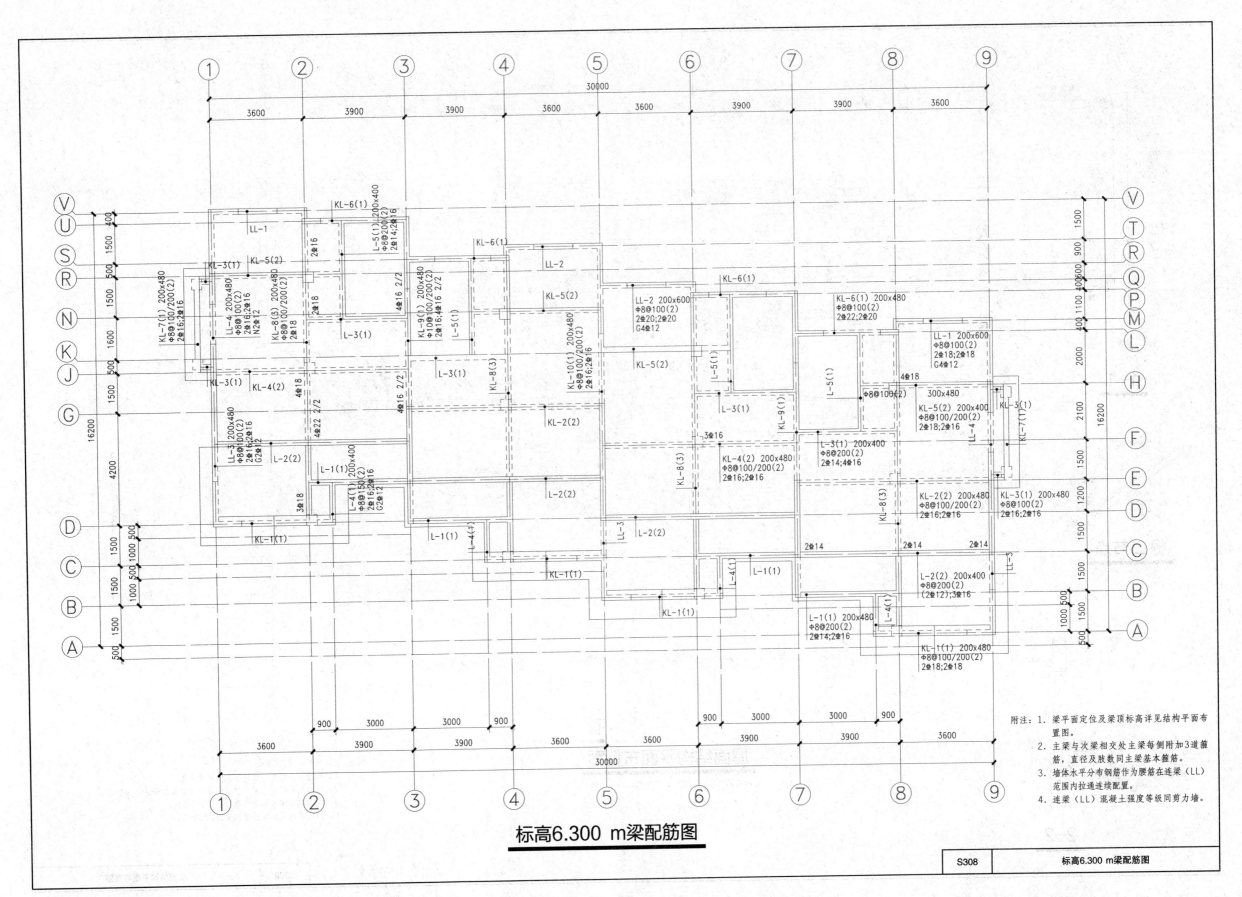

标高6.300 m梁配筋图

附注：
1. 梁平面定位及梁顶标高详见结构平面布置图。
2. 主梁与次梁相交处主梁每侧附加3道箍筋，直径及肢数同主梁基本箍筋。
3. 墙体水平分布钢筋作为腰筋在连梁（LL）范围内拉通连续配置。
4. 连梁（LL）混凝土强度等级同剪力墙。

| S308 | 标高6.300 m梁配筋图 |

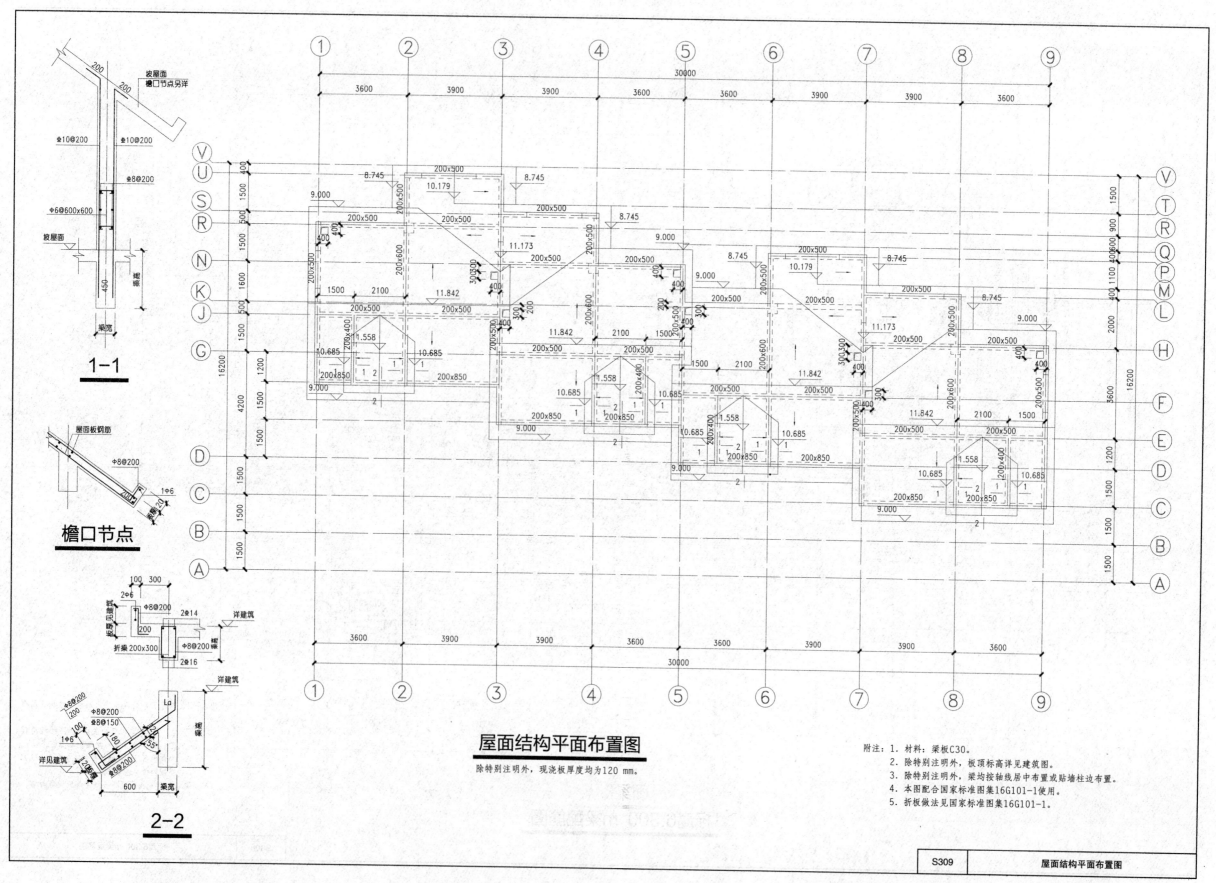

屋面结构平面布置图

除特别注明外,现浇板厚度均为120 mm。

附注: 1. 材料:梁板C30。
2. 除特别注明外,板顶标高详见建筑图。
3. 除特别注明外,梁均按轴线居中布置或贴墙柱边布置。
4. 本图配合国家标准图集16G101-1使用。
5. 折板做法见国家标准图集16G101-1。

1-1

檐口节点

2-2

| S309 | 屋面结构平面布置图 |

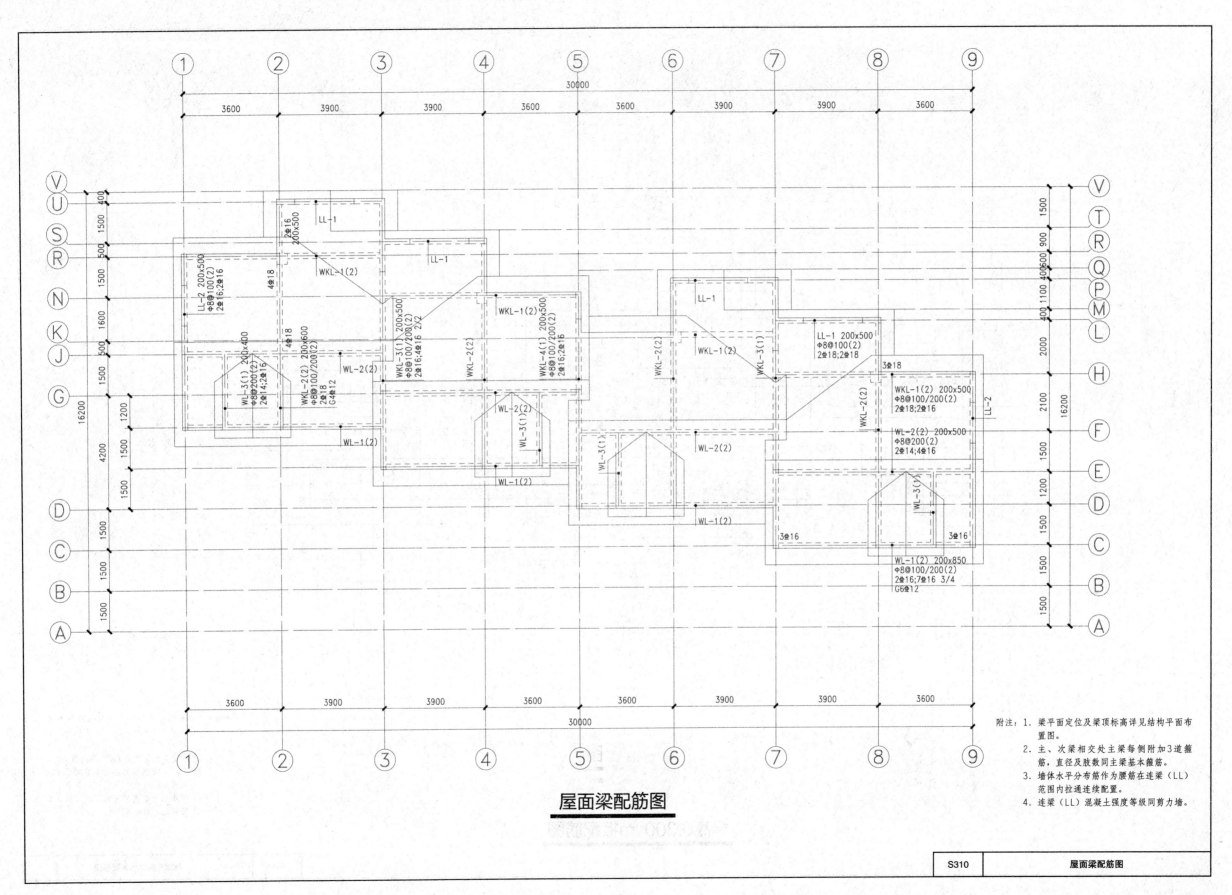

屋面梁配筋图

附注: 1. 梁平面定位及梁顶标高详见结构平面布
置图。
2. 主、次梁相交处主梁每侧附加3道箍
筋，直径及肢数同主梁基本箍筋。
3. 墙体水平分布筋作为腰筋在连梁（LL）
范围内拉通连续配置。
4. 连梁（LL）混凝土强度等级同剪力墙。

| S310 | 屋面梁配筋图 |

27

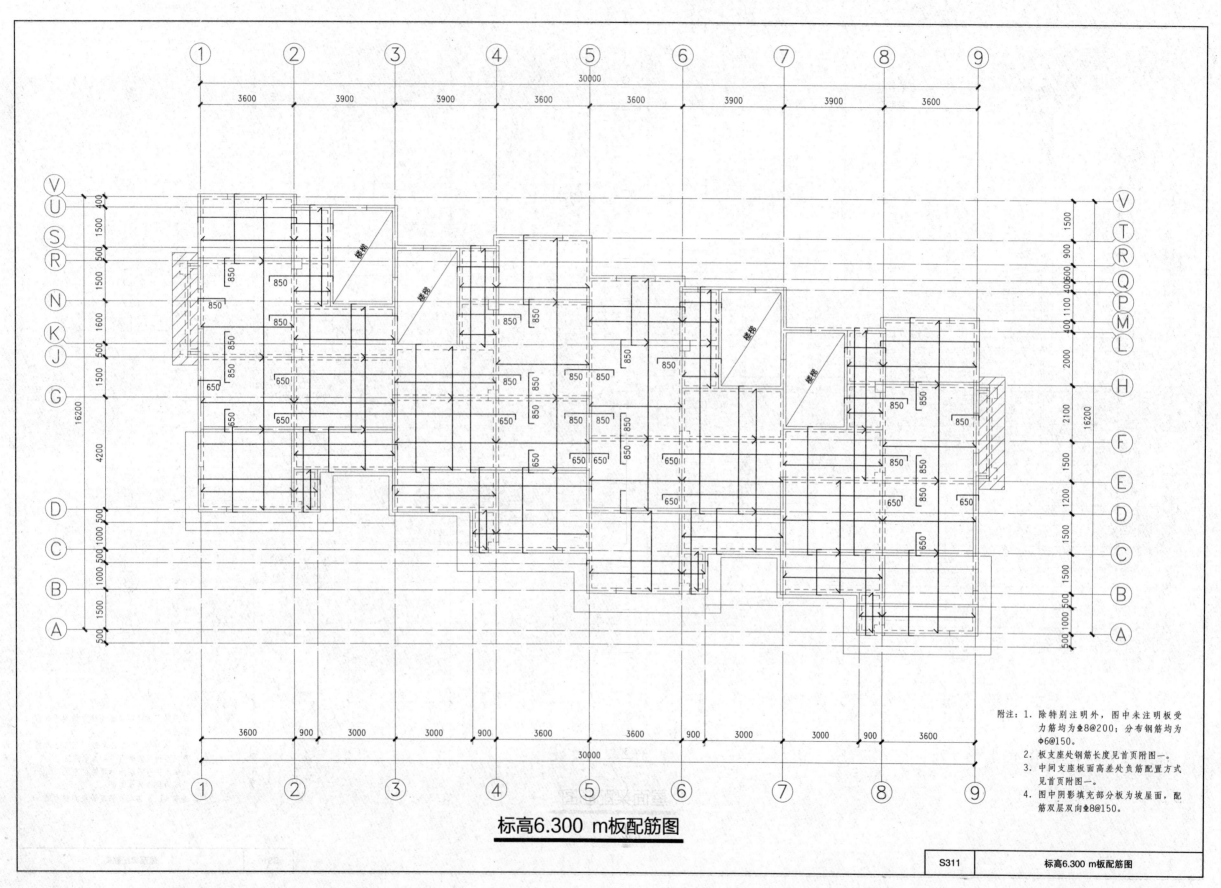

附注：1. 除特别注明外，图中未注明板受力筋均为⊈8@200；分布钢筋均为Φ6@150。
2. 板支座处钢筋长度见首页附图一。
3. 中间支座板面高差处负筋配置方式见首页附图一。
4. 图中阴影填充部分板为坡屋面，配筋双层双向⊈8@150。

标高6.300 m板配筋图

| S311 | 标高6.300 m板配筋图 |

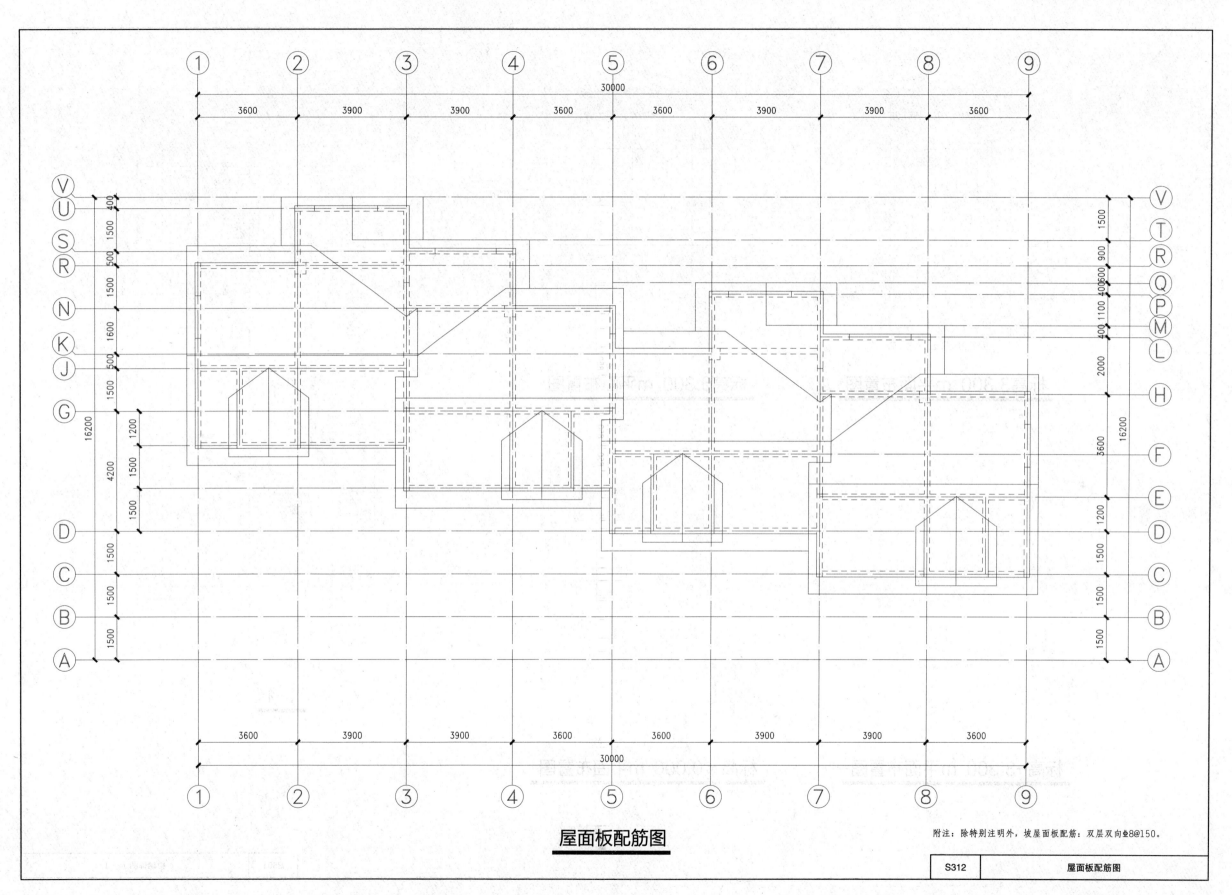

屋面板配筋图

附注：除特别注明外，坡屋面板配筋：双层双向Φ8@150。

| S312 | 屋面板配筋图 |

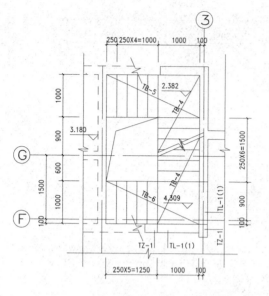

标高3.300 m平面布置图

标高6.300 m平面布置图

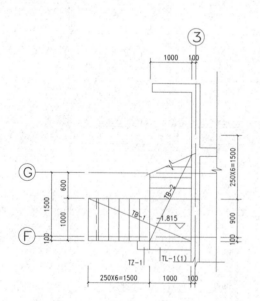

标高-3.300 m平面布置图

标高±0.000 m平面布置图

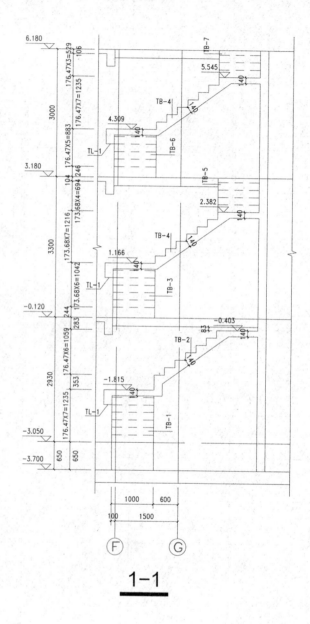

1-1

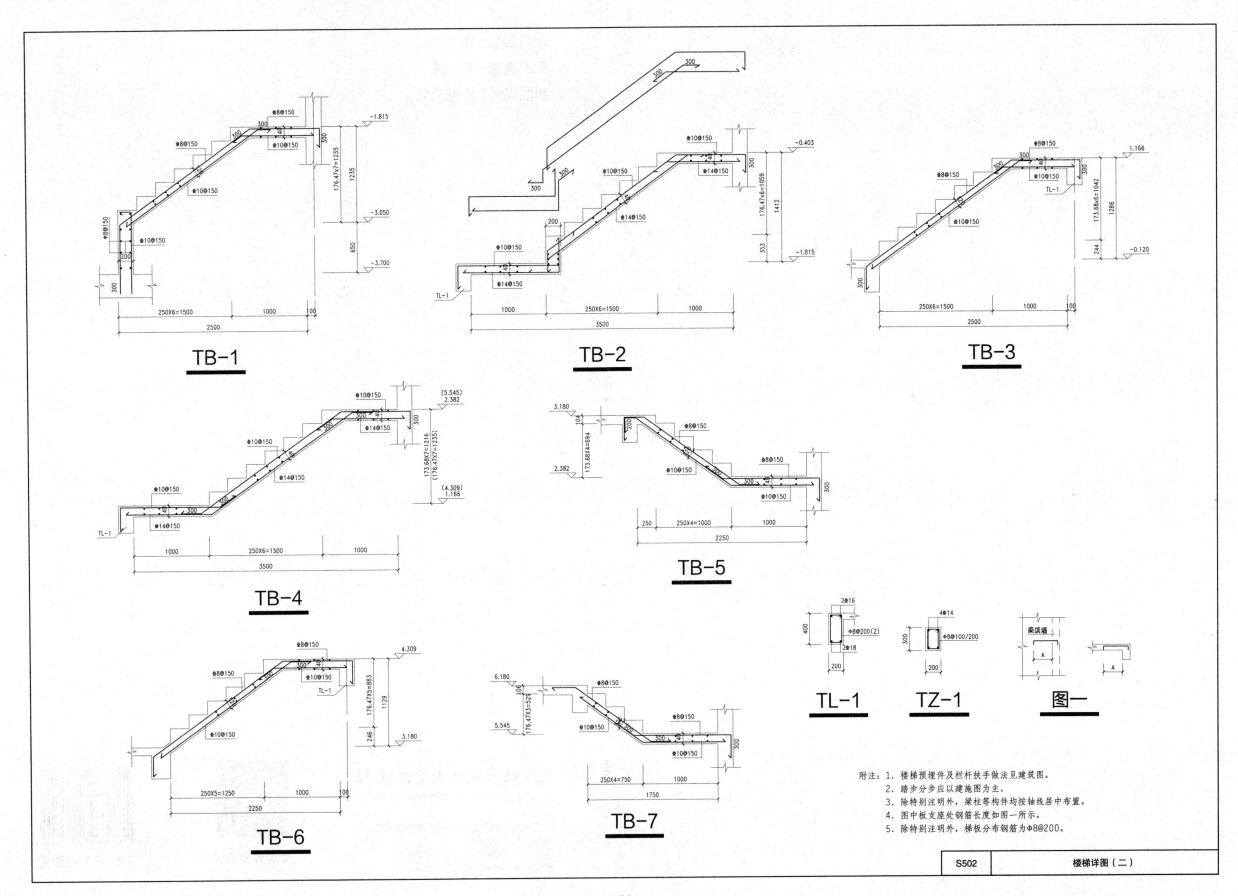

TB-1

TB-2

TB-3

TB-4

TB-5

TB-6

TB-7

TL-1　　TZ-1　　图一

附注：1. 楼梯预埋件及栏杆扶手做法见建筑图。
　　　2. 踏步分步应以建施图为主。
　　　3. 除特别注明外，梁柱等构件均按轴线居中布置。
　　　4. 图中板支座处钢筋长度如图一所示。
　　　5. 除特别注明外，梯板分布钢筋为Φ8@200。

S502	楼梯详图（二）

项目编辑: 瞿义勇

策划编辑: 李　鹏

封面设计: 广通文化

北京理工大学出版社

BEIJING INSTITUTE OF TECHNOLOGY PRESS

通信地址: 北京市海淀区中关村南大街5号

邮政编码: 100081

电话: 010-68948351 82562903

网址: www.bitpress.com.cn

ISBN 978-7-5682-8664-0

爱习课专业版

定价: 58.00元